此生何必从头来

〔美〕刘墉·著

北京联合出版公司
Beijing United Publishing Co.,Ltd.

目　　录 ◎

第一章　人生的风水与格局

第二章　迎向开阔的人生

第三章　这世界公平吗

第四章　幽默常是最好的沟通

第一章

人生的风水与格局

你必须从年轻的时候，就学着去关怀、去谅解、去帮助，

并欣赏每一种文化、每一样食物、每一个人种！

于是，你不再狭隘、不再偏心、不再小气。你学会与

大家共享、共荣，且因而得到更多人的爱护。

人生的风水与格局

人生的风水与格局

一位很会看风水的朋友对我说：

“买房子啊，一定要前面开阔，不但得有阳台，阳台能看得远，而且门前最好有宽大的空地。客厅更要方正，不能太小。住在这种格局的房子里，人的格局也会变大，格局大则容易成功。”

“房子的格局真能影响人的格局吗？”我开玩笑地问，“那么格局不大的人，住进格局大的房子，也会变大喽！”

他居然脸一正：“当然！你想想，如果站在阳台上，视野好、空气流通；坐在屋里，走出门外，又都是一片开阔。心胸宽了，容量大了，当然格局也变大了。相反地，住在局促的地方，东边撞墙、西边碰壁，从窗子望出去，没两尺，就是人家的抽油烟机。每天关在里面，心眼小了，心胸窄了，格局又大得起来吗？”

“问题是格局好的房子通常比较贵，岂不是穷人的格局难大起来，有钱人就容易得多？”我又不服气地问。

“对呀！孔子不是说‘贫而无怨难，富而无骄易’，‘富而无骄’就是一种格局！”

天赐的胸怀，注定成功

对他这似是而非的理论，我不能苟同，但是活了这么大，却发觉“格局”对人的成就，实在有了不得的影响。

穷人不见得没格局，有些人似乎天生就格局开阔。我有位曾经家徒四壁的朋友，从小就有“广结天下士”的气魄。在军队当排长的时候，他悉心照顾每个同袍，使那些在营里的小兵，退伍之后，都成为他在社会上的朋友。

他虽然薪水没几文，但是常请客，大有“五花马、千金裘，呼儿将出换美酒”的豪爽。他的客人包括了各阶层，其中有钱的希望结交有名有势的，有名有势的又希望得到财阀的支持。大家经过他的介绍，都如鱼得水，让事业发展得更顺，而当他登高一呼的时候，各界的朋友无不响应。

没几年，他就成功了。他又说：“我成功，我的朋友就不该失意。”他把成功的果实分给朋友，又拉着他一大票成功的朋友，帮助那些失意的。

他更成功了，而且成功得好像不再可能失败，因为他只要有一点困难，那一大票朋友都会帮忙。

我常想，历史上那些草莽出身的英雄，大概都有这样的格局。这是天赐的胸怀，注定一个人要成功。

后天培养的大格局

当然，宽大的格局，也可能是后天培养的。

记得二十多年前，我刚跑新闻的时候，曾经见过一位刚由“杆弟”转为职业选手的先生。当时他在记者会中，躲在一角，学着用刀叉。记者问他问题，他嘴里塞满食物，不知所措地支支吾吾。高尔夫球场的人笑着为他解围，说他没见过世面。

他那窝囊的样子，还留在我脑海里。但是十几年后再见到他，我简直难以相信，那会是他。

他已经是一位享誉国际的高尔夫球名将，不但总是招待来访的好手，也常应各国王公政要的邀请，出去与人球叙。

他穿着浅色的西装，带着淡淡的笑容，以不疾不徐的手势跟人打招呼，以不轻不重的力量与人握手。当他坐在餐桌边，那气度与风采，真是令人折服。

于是我想，他今天所显示的格局，到底是因为他见多识广、交游广阔，还是因为他已经变得非常富有？又或由于他不再只是一位球员，而成了体育大使？

不管怎么样，他的格局显然由于后来的学习，而变得开阔。

愈变愈小的格局

只是我又处处发现，许多人虽然平步青云、事业宏发，却不见得能改善格局。更可怕的是随着事业的发展，应该愈来愈宽的格局，有时候反而会缩小。

有一位企业界的老同学，刚进社会的时候，天天跑三点半。总在暗暗的暮色中突然造访，又在借到钱之后匆匆地离去。

后来他发了，只是人也见不到了。据说在聚会里，当他发现可能向他借钱的朋友出现时，他会以当年那弓着背的姿势，匆匆地离去。

他的员工年资一高，位子就不保。因为他宁可遣走高薪的老员工，换低薪的新手进来。他公司的业务蓬勃无比，可是年终奖金少得惊人。而且发了奖金就觉得员工割了他的肉，以一种大家都欠他的眼神看每个人。

他这么“小器”而“小气”，但是每个到过他家的朋友，却说“去过他家，就谅解他了”。因为他在家更小气，连对自己都小气。

他的老妻每天坐公交车去买菜，不准坐计程车。他的客厅里很奇怪地摆一些花盆，据说是用来遮地毯的破洞。他的沙发坐下去，凸出的弹簧会刺伤人。

我不禁想，他的格局已经小到把自己都“拘”起来了。他赚那么多钱又有什么用？

“私情”与“公爱”

这也使我想起国画大师张大千。他在世时，有一阵子暂住在仁爱路的公寓里，地方本就不宽，又有一大家子人。可是每次我去拜访，都见高朋满座，还直留我吃饭。

据说张大师在巴西的时候，家里的食客更多。学生们只要磕头拜了师，就成为家中一员，开饭往往好几桌。他卖画赚的钱，常用来收藏古画和招待朋友。开销大了，又不得不加紧作画，甚至把收藏卖了筹钱。怪不得艺术界的人说他“富可敌国、贫无立锥”。

只是，我细细观察，却不能不说，张大千之所以成为张大千，不仅因为他的“画艺”，更因为他的“格局”。

张大千常说“送人画，尤其要送好的”。也确实，他的好画往往送给了政要和新闻界人物。只是，再想想，哪个收藏他作品的人会不捧他？于是愈捧，他愈红；愈红，也愈开阔。大把的钱赚进，又大把地分，给朋友。他的名声愈大、画价愈高，愈敢画，也愈敢突破，因为即使他画“曲高和寡”的泼墨，大家还是会买。

张大千最大的成就，就是“泼墨”（包括泼彩）。

他死前，把许多重要的收藏和代表作都捐给了“故宫”和“历史博物馆”，连房子也捐出去做了纪念馆。我常想：张大千的格局是“大师的格局”，他没有太多的“私情”，所以能得到“公爱”。

以天地为格局

我也想：什么叫作“格局”？格局可以是胸怀、是见识、是信心、是宽广的抱负。

格局是在自信中不否定别人，是一种谅解与包容。格局不是“藏于己”，而是“分与人”。格局是愈得意，愈无私。格局不是“单赢”，而是“双赢”。

人生好像在堆高塔。你想堆得愈高，那底盘就得愈大。你不能把每块石头都往塔尖上放，而要多分一些在塔基。塔尖是你，塔基是你周遭的人。

你必须从年轻的时候，就学着去关怀、去谅解、去帮助，并欣赏每一种文化、每一样食物、每一个人种！

于是，你不再狭隘、不再偏心、不再小气。你学会与大家共享、共荣，且因而得到更多人的爱护。

如此说来，你又何须大的阳台、客厅和庭院呢？

你已经以宽广的天地作为“格局”。

隐藏情绪是一种修养

隐藏情绪是礼貌，也可以看出你的自制力和修养。

举个例子来说，当奶奶病逝的时候，如果你到外面，参加同学的派对，心情不好，在那儿掉眼泪，就显示了你的自制力不佳。

你绝对不能说“我伤心，我要哭就哭”。而应该想想，当你哭的时候，是不是会造成别人不安？大家会不会因此过来安慰你，使原来欢乐的气氛受到影响？

人生的是非选择题

这些年大概因为“东方热”，美国的很多园艺家，都学着种“Bonsai”，也就是我们常说的“盆景”。

有一天，我去看盆景展，进门，吓一跳，还以为回到了中国。各式各样的虬根曲干、苍松古柏，点缀着小小的人物和亭台楼阁。

“是您培植的吗？”我问一位接待的女士。

“不！不！不！”她居然忙不迭地回答，还好像不好意思地说，“都是我先生和我儿子做的。我是女人，不能做盆景。”

我一怔，问她：“为什么女人不能做？”

她笑笑：“也不是女人都不能做，但我相信多半的女人不能做。因为女人不够狠，狠不下心修剪，所以顶多只能做个漂亮的盆栽，却没法做出……”她指了指其中一棵盘根错节的盆景，“有时候看我先生修剪，长得好好的树，拦腰一刀，真以为他要毁了那棵树，没想到后来能变得这么有味道。”

选了这个，就不能选那个

走出展览会场，她的话还响在耳边，使我想起我的园丁，说过类似的事——

树的枝子太多，要剪；盆栽的根太多，也要剪。你愈剪，它长得愈好，也愈开花。你要是不剪，以为爱它，其实可能害了它。

他们谈的虽然都是种花的方法，却怎么想，都仿佛柳宗元《种树郭橐驼传》所说的“吾问养树，得养人术”。

我们从小到大，在学校所学的，除了各种知识技术，不就是接受管理、训练、教诲，好像一棵棵小树苗，一边接受灌溉、栽培，一边接受“修剪”吗？

甚至可以说，所有的知识，都是以“修剪”的方式呈现的。

小学一年级就做的“是非题”，不是二选一吗？你选了“是”，就不能选“非”。

小学二年级就做的“选择题”，不是要从一二三甚至五六个答案中选一个吗？那么多，只能选一个，是多苛刻的事啊！

但我们为什么不觉得苛刻？因为我们已经习惯了“拿这个，就得放弃那个”的法则。

从小到大，我们由一家人的宝贝，到一班中的一员。我们由“只能当老大”，到可能名落孙山。我们想出去玩，却不得不坐在教室里上课；想吃东西，却拿出来就被老师没收。

我们多么不想考试，偏偏三天两头就考，还要参加更惨的高考。

什么是教育？教育是“教训”，也是“培育”。你会发现教育有个最重要的功用，就是教我们自制。

教育程度高的长寿？

最近看到一个美国的统计报告。发现白人的寿命，平均比黑人高许多；知识较高的人，又比教育程度低的人长寿。

我起先想，一定因为教育程度高，收入高，养尊处优，所以比较长寿。但是报告中分析，真正的原因，可能是教育程度高的人，更能够自制。

明明老了，不想动，那有自制力的人会用“认知”去鞭策自己，硬是出去运动。

明明想吃甜的、油的，有自制力的人，会依自己的健康情况，告诉“嘴巴”：“你不准馋、不准吃。”

抵抗诱惑的能力

这也使我想起EQ这本书，书中提到美国心理学家瓦特·米歇尔从1960年开始，以一群幼稚园孩子为对象，所做的追踪实验。

他发现那些在幼稚园里，能克制自己，等老师回来，才得到两块糖的孩子，比等不及而宁愿拿一块糖的孩子，十几年后，无论在学业及社会适应力上，都有着明显的差异。

能克制自己、抵抗诱惑，追求更远大目标的孩子，长大之后表现得更有自信，也更能面对挫折。他们能跌倒了，再站起来迎向挑战。当年表现冲动的孩子，则差多了。

这些在“儿时”就有的自制力，甚至能反映在成年“减肥”和“读完学位”这些事上。

反省一下，可不是吗？

想吃，硬能不吃；想拿，硬能不拿；想玩，硬能不玩；不想动，却能逼自己动；不想读，却能逼自己读；不想继续，却能逼自己坚持到底。

当然，这种人更能控制体重，也更可能完成学业。

“抱负”与“舍得”

各位年轻朋友！

你要常常问自己，有没有这种自制和鞭策自己的能力。你也应该在战胜天生的“惰性”和“玩性”之后，有更深的自我期许。

抱负！抱负！你要“拥抱”美好的未来，就得先“背负”重责大任。

舍得！舍得！你要“得到”成功，就得先“割舍”眼前许多美好的东西。

祝你们在人生的“是非题”与“选择题”上，一直到老，都能拿高分。

自我的要求与坚持

我有位医生朋友，在癌症儿童的病房工作，他说那里的设计很特殊，孩子的病房里有电视、有玩具，却没什么医疗器材，完全看不出是医院。因为得癌症的孩子往往要长期住院治疗，必须让他们觉得是在家里，更不能让他们有恐惧感，所以即使打针、抽血这些例行的工作，都要在病房外另一个房间做，到了时间，才把孩子带过去。

妙的是，刚开始带孩子去的时候，孩子知道要打针了，都会又哭又闹地抗拒，但是如果每天定时做，过不了多久，孩子就会适应。有时候时间到了，小孩甚至会自动走到那个房间抽血、打针，再回自己的房间玩耍。好像那些痛苦的事，已经成为他们生活中理所当然的一部分。

这使我想起曾经得过血癌的著名绘本作家几米，他虽然身体不好，还是很认真地创作，即使腰酸背痛，每天仍然坚持到画室，几米说对他帮助最大的就是纪律，意思是他坚持每天工作、定时创作。

还有一件事，我女儿初中的时候，因为不再去中文学校，我决定自己教。起初她找一堆理由，还发小姐脾气，说她学校的功课已经做不完了，没时间上中文。但是当我坚持每个星期天下午两点上课之后，她连吵几个礼拜，不管用，后来到了时间，自己就去书房等着我去教课了。

我举这三个例子，是要谈谈学习的纪律。各位想想，为什么那些癌症病童起先抗拒打针、抽血，当他们每天必须定时这么做的时候，过不久，就不抗拒，甚至主动前往了？我的女儿又为什么一到上中文课的时间，就不再耍小姐脾气？再想想，为什么几米会说对他帮助最大的是纪律？

因为当他们把工作，甚至把打针、抽血、上中文，都看成生活中不可逃避的一部分，习惯之后就不会觉得辛苦了。那些能写大部头的书、能有惊人创作力的人，都因为他们有纪律，每天维持一定的工作量，久而久之，累积出了了不得的成绩。

梁实秋先生跟我是忘年之交，我知道他每天天不亮就起床写作，他第二任太太韩菁清对我说，梁教授早睡早起，她晚睡晚起，不得不把早餐、午餐先做好，放在冰箱里，要梁教授自己用微波炉加热。即便如此，梁教授还是坚持天不亮就起来创作。

柏杨先生不也一样吗？他在监狱里，按时起床、按时读书、按时创作，一大套《中国人史纲》和《中国历史年表》，就这样经年累月地完成了。

当然我不是要大家也进监狱。只是，如果每个人都能在自己心里设个栅栏，自己告诉自己，我必须完成每天固定的工作，才走出栅栏，这种锲而不舍的态度，绝对能使你成功。

作为新新人类，更得自我要求、设定工作目标，而且坚持到底，绝不妥协。因为在未来，人们愈来愈可能成为独立工作者。不信你注意，现在是不是个人工作室愈来愈多？好些公司为了节省开支，不再聘雇全职的人员，改成把事情交给那些独立的工作室。

你再注意，现在的咖啡店是不是也愈来愈多，好多人在里面谈事情、喝咖啡、上网、打手机？

我敢说，如果没有网络、没有手机，那些咖啡店的生意不可能这么好。因为以前人们不敢离开办公室，唯恐错过来访的朋友或开会的时间，但是现在有手机，随时能联络，不但可以在网上谈事情，甚至可以在网上开视频会议，用咖啡店当办公室。以前你有文件要交给朋友，或设计了东西，要交给客户，非亲自跑一趟或请快递送去不可，现在却通过网络，两三下就搞定了。所以，时代的趋势是，人们愈来愈不必出门上班，而可以在家里工作。

当你在家里工作，做一人公司的老板，最重要的就是纪律。如果你看到床，就想躺一躺；看到冰箱，就想吃东西；看到电视，就想看节目，还了得吗？如果你是师长，面对这个大趋势，能不训练下一代有规律的工作习惯吗？如果你不骂人，孩子就离不开电视；你不提醒，孩子就不开始工作，这孩子将来能成功吗？你又能盯他一辈子吗？

我们常说“习惯成自然”，这句话真是太对了。自然是“自动”，也是“当然”。就像我一开始讲的癌症病童，即使打针、抽血很痛，当你坚持要他接受，久了，他习惯了，就成为当然，不再抗拒。

了解了这一点，无论你是上班族或学生，都应该给自己设定一个生活的规范，为自己定个工作的时间表。举个例子，你规定自己一天读多少书或写日记，就算忙死，上床之前，发现没做，也坚持把书看了，把日记写了。起初可能很不习惯，但是只要坚持到底，渐渐地，就会发觉读书、写日记已经成为你生活的一部分，好像你自自然然地就会留出那么一块地方，读书、写日记。

当别人没空做，你有空做，别人不能坚持，你能坚持，别人会妥协，你不妥协，别人觉得辛苦，你却乐在其中的时候，成功的当然是你。

每个怨里都该有感恩

有位大陆的朋友，十二年前把三岁的女儿交给奶奶，带着太太一起来美国打拼。两口子先是一西一东，一个做管家，一个当泥水匠，半年才见一面。

三年后，太太由洛杉矶飞到纽约，在餐馆打工，丈夫则升级成了工头。

日子愈过愈好了。太太又怀孕，在美国生了个丫头。

丫头来得真是时候，美国的经济繁荣，到处盖新房，我那朋友的收入大增，使太太能辞了工，全心带孩子。

“每次带这个孩子，就想起大陆那个，觉得真对不起她。”朋友的太太总这么说。

又隔四年，他们都拿到了绿卡，把大陆的孩子也接了来。

那女儿已经有娘一般高了，却十分腼腆、十分怯懦，到哪儿去，都要拉着妈妈的手。

大概觉得亏欠，两口子从女儿下飞机那天，就买好吃的、好穿的、好玩的，似乎想一下子补足女儿十年的损失。

女儿上了学，请了家教，由半句英文不会到拿班上的第一名。亭亭玉立，愈长愈美，却变得愈来愈叛逆，总跟妹妹吵架，总扯着嗓子对爹娘吼：

“我现在才知道，妹妹从小就过多么好的日子，可是你们把我丢给奶奶，我连自己的房间都没有。你们害我受苦受了十三年，我恨你们，我也恨妹妹！”

◎

一个住在南部的老同学，每隔一阵就要来台北，去看个复健科的医生。原因是，她的肩膀痛，僵硬得连手都抬不起来。

“台北这个医生比较神。”每次我笑她老远赶来，她都解释，“我每次让他复健三天，就能回去再撑上一个月。”

有一天，她又来台北，我请她吃饭。

“其实也不是台北的医生神。”她突然改口了，“是因为我那孙子太烦人。我只有离开他，一个人清静几天，病才能好点。”她深深叹口气，“真倒霉啊！小时候给我爸爸做奴才，结婚之后给丈夫做奴才，生孩子之后给孩子当奴才，现在又给孙子做奴才。我是一辈子当奴才的命啊！”

说完，她掏皮包，掏了半天，掏出一叠孙子的照片。一张一张指给我看：“瞧！这小子多漂亮，他聪明极了！”

“看得出来，你多疼他。”我说。

“当然，”她指指胸口，“疼到心里去了。”

◎

前几年，母亲的一位老朋友来纽约，两位老太太躲在房里，关起门，嚼舌根。

两个人耳朵都“背”，以为在讲悄悄话，其实外面听得一清二楚。

“我家那个老浑蛋，居然说他下辈子还要娶我。去他的！我下辈子做猪，也不嫁给他。我啊，受够了！”来访的老太太喊。

可是一到晚上，她就念：“老头子该起床了，不晓得在干什么。不知道他会不会用微波炉……”

去年，老先生死了。这老太太来电话，居然没说一句好话，全是骂：“早死早好！活着也没做好事。苦日子全是我陪他过的，这两年总算有点钱，他又老得不能动。我啊，从今自由了，好好享几天福。”

说着说着，突然停住了，听见窸窸窣窣，隔半天，撂下一句“我冤死了！”就挂了电话。

◎

到台北的朋友家做客。

他这些年很发，一百五十坪（台湾常用建筑面积单位，1 坪约 3.3 平方米）的大房子，两个用人，三条狗，却只有一个女儿。

那天，他的岳母也在，一边喂小孙女吃饭，一边念经似的说：

“你真好命，婆婆真羡慕你。你爸爸、妈妈有知识，这么小，就知道控制你的胆固醇，不吃蛋黄。婆婆苦命！以前有蛋吃就不错了，老吃大肥肉，到现在胆固醇都降不下来，婆婆哪天死了，才冤呢！都怪你的公公，让我年轻的时候吃那么多苦。”

这话让一旁的公公听见了，不高兴地说：

“我什么地方让你吃苦了？是你掌的勺，我胆固醇更高。我要是早死，才是被你害死的。”

这时女主人过来，拉着脸，也不知是开玩笑，还是当真：

“我才羡慕我女儿呢！有这么有钱的爸爸、妈妈，让她含着银汤匙出生，又只生她一个，哪儿像我，生下来苦，还有一大堆弟弟、妹妹……”

◎

很奇怪，这些年来，四周的朋友愈过愈好，愈来愈发，却总听他们怨。老的怨，中的怨，小的也怨。

这使我想起以前，有一次我气喘，医生叫我买了几瓶非常名贵的药。

可是才用两次，我气喘就好了。

“要是早知道，何必买这么多瓶？”我对医生说。

“老天爷要是早知道你会怨，何必要你这么快好？”医生回答。

◎

也想起一个大家常说的笑话——

孩子哭，说他的糖被人抢走了。

“不哭不哭。”大人再给他一块。

孩子笑了，但跟着又大哭起来：

“要是没被抢走，现在就有两块了。”

◎

我们不都是孩子吗？在“大得”的时候，怨“小失”。在升官的时候，怨事多。

在该谢谢老天的时候，却觉得以前的不如意是整个世界都在亏欠我们。

谎话的说与不说

这个世界上，除了非常小的孩子，大概很少有人没撒过谎。

你太太换个新发型，问你漂不漂亮。你怎么看都不顺眼，却说："漂亮！漂亮！"

你朋友病危，躺在床上说他要死了。你明知他拖不过三天，还是斩钉截铁地说："别胡思乱想！一定会好起来。"

你同事送你一瓶香水，是你最讨厌的香味，而且你柜子里已经摆了好几瓶。你还是故作惊喜地说："太好了！太好了！我就盼望有这么一瓶。"

他的错，他负责

"谎话人人会说，各有巧妙不同。"所以当我讲"人生百忌，忌撒谎"

的时候，你八成有意见。

那么，请听我讲我的道理。先说两个故事：

前几天，我家的暖气锅炉做保养，不保养还好，保养的隔天就淹了水，而且从锅炉间一直流到外面的地下室大厅。

打电话给保养公司，人很快就来了。蹚着水进锅炉间看了一眼，出来说要怪他，因为有个压力的开关，打开忘了关回去。接着由他出钱找“抽水公司”，开着大车来抽水，再用干燥机烘干。

正好有位邻居是保险经纪人，我太太打电话问他，是不是该找暖气保养公司理赔。邻居说没什么损失，赔的可能性不大，但还是可以问他公司的“保险号码”，必要的时候可以申请理赔。

临挂电话，那邻居跟我太太要保养公司的电话。

“你要帮我打电话？”我太太问。

邻居一笑：“不！我要找那个公司为我保养暖气，因为这年头很少有那么诚实的人！”

丢了面子，赢了里子

再说个老故事。

三十多年前，我做电视记者的时候，有一次要到韩国采访亚洲影展。那时候台湾地区的人很难离开本地，我拿着表格，找一位主管盖章，再经“安全室”审核，总算把章都盖完，将资料送给“中影公司”承办的一位先生。

隔几天，突然接到那人电话，说大家都递了资料，为什么没见到我的。

“我送去了。”我说，“还是您收的啊！”

“不要乱讲，我没收。”

我急了，立刻跑去找他，他还是说根本没有，我冒火，他却比我还大声，两个人对吼。

亚洲影展在即，我没办法，只好回公司从头办，一关一关去解释，重新审核盖章。

就在快办好的时候，电话响了，是“中影公司”那个人的声音：“对不起！刘先生，我在桌子下面找到你的申请书，我向你道歉！”

放下电话，我真是五味杂陈，既高兴又火大。但是气归气，我却暗自佩服他，佩服他的“风骨”。

诚实走进集中营

没错！谎人人会撒，有时候小小撒个谎，就能逃避很多问题。今天你不想上班，打电话给主管，说你病了，就能逃避一天。今天你不想交报告，说你家里有事，教授就能网开一面。今天，你对妈妈说全班都不及格，只有你考了六十分，你非但不会挨骂，还可能得到赞许。

问题是，你虽然可能占外面的便宜，却可能受内在的伤害。

记得在第二次世界大战集中营回忆录里，看过一个故事。德国纳粹抓人，抓了一堆，问里面有没有犹太人，是犹太人的站出来。明明知道自己出去，会被送去集中营，一个犹太人却毫不考虑地说：“我是！”

后来有人问他：“你长得那么像德国人，德语又那么好，为什么站出去？”

“因为我有我的自尊！”

顺手牵羊又如何

撒谎，最大的伤害就是自尊。如同有你可以顺手牵羊的东西，保证没人看到，看到也没什么大不了，那东西又是你很需要的，你不顺手牵羊，宁愿花钱去买。

这跟你顺手牵羊有什么不同？

有！是你的自尊，是你的自许，是你的人格，是你的良心！你顺手牵羊确实可以省下钱，但是难道你的良心和人格不值那个钱吗？

同样道理，你能撒谎，不撒。明明撒个小谎就能脱身，如同“中影公司”的那个人，既然我已经重办了，又跟我吵得面红耳赤，他大可以将错就错，何必拉下脸来跟我认错？

他确实好像丢了面子、认了错，但是，他也赢得了“里子”，赢得他的“自尊”和我对他的“尊敬”。

不屑于撒谎的人

人生走过六十多年，我越来越发现，那些因为诚实而吃小亏的人，长期下来反而占大便宜。因为他赢得了人们的信任与尊敬。

我也越来越对那些能撒谎却不撒谎的人刮目相看。

“我不撒谎，因为我很自负！”

忘记了这是谁说的，很狂，但是很有道理！

与天争地

不知从什么年代开始，王村和李村就以那块大石头为界。

王村的人要是经过李村回家，走到大石头前面，总要摸摸石头说：“到咱们村了！”

两村的人若有酬酢，宾主迎送也总以那块大石头为准。在大石头前面迎宾，也送到大石头为止。

甚至两村的孩子玩耍，都以大石头为界。

“你为什么到我们村子来？你过了大石头！”

“你的球丢到我们这边，就是我们的！”

孩子们常因此发生口角，甚至大打出手。

据说连骡子都知道，即使在两村之间行走，也得把屎拉在自己村子的地界里——免得肥了别人的田。

这一年夏天，突然起了阵怪风，跟着就是乌云密布，下起倾盆大雨，而且连下了七天。村子不远是条河，河对面是座山，山洪滚滚而下，小河承受不住，发了大水，两个村子全淹了。

洪水退了之后，大家正急着重整家园，却发现出了大事——大石头被水冲移了位置。

村民们都急了，一起拥向原来的村界。

大石头果然换了地方。只是洪水过后，原来的河道变了样子，地面又满是碎石泥泞，谁也说不上大石头是向左移了还是向右移了。

“我记得，这石头原来正对着那山头，现在偏右了，便宜了王村的人！”

“我确定这石头原先顶着这个路弯，路虽然被水冲模糊了，我还是看得出，它向左移了，让李村的人占了便宜！”

两村的人站在大石头前面挽着袖子吵，差点就要大打出手，最后决定请县长裁夺。

县长来了，先在四周绕了一圈，又过去拍拍大石头，摸摸胡子一笑：“到处都是山上冲下来的石头，你们放着不管，难道是要等再发大水，把你们的田园全冲走，再坐到这块石头上吵架吗？”说着召来两位村长，细细商谈一番。

没过几天，两村的人全出动了，大家一起把满地的砾石运到河边，筑成堤防。

堤防中间安放着一块奠基石，正是那块原来的大石头。上面除了记载完工的日子，还刻了两行金字：

“与人争地，愈争愈小。

与天争地，愈争愈多。”

贵人哪里来

每个人都可能遇到贵人，这些贵人不一定真的尊贵，他可能是陌生人，也可能是一面之缘的过客，乃至你的敌人！

◎

“贵人”这个名词，相信你早就知道了，因为三年前，有一次家里请客，我事先对你说，受邀的客人是我以前的贵人，因为他的帮助，使我有后来的成功。你当时虽然并不十分了解，却在餐桌上对客人说：“我爸爸讲，你是他的贵人！”

我当时看得出来，那人听了有多么高兴，因为他知道我没忘记他以前的好处。但我后来也听说，他的太太回家跟他大吵一架，说他自己连个固定的工作都没有，怎么会是别人的“贵人”？

他的妻子错了！因为能做贵人的，自己不一定多么尊贵。当我们要找自己生命中的贵人时，也不见得要到世俗所谓荣华富贵的阶层去寻觅。许多贵人，都出奇地平凡。而平凡的我们，也随时可能成为别人生命中具有重大意义的“贵人”，甚至当我们成为别人的贵人时，自己还不知道。

◎

从前有个人写信给燕国的丞相，因为光线太暗，就叫仆人举烛，一不留意，把“举烛”两个字，也写入了信中。等到燕国的丞相收到信，读到“举烛”两个字，竟然大为感动，说“举烛”的意思是追求光明，也就是要拔擢贤才，并以此呈请君王采用，使得燕国强盛起来。

传说李白起初做学问很没有耐性，直到某日，看见一位老妇，居然想将一根粗铁条磨成绣花针，才顿时醒悟，回头苦学，成为诗仙。

米开朗琪罗在画西斯廷教堂时，有些不满意自己的成绩，却又因为完成大半而舍不得重画，直到有一天去喝酒，看见老板毫不犹豫地把新开的一大桶酸酒倒掉，终于下定“重新画”的决心，成就了不朽的作品。

以上写“举烛”的郢人、磨针的老太太和酒店的老板，可知道自己无意中的行为，竟能造就别人？而他们何尝不是燕国、李白和米开朗琪罗的贵人？

又譬如我有位朋友外出旅行，临上飞机发现旅行社的小姐竟把他最重要的身份证明资料遗失了，他起初大发雷霆，要求赔偿损失，但是后来又跑去向旅行社道谢，说犯了错的小姐是他命中的贵人，原来他没赶上的那班飞机发生了空难。

你想想，由犯错，到成为别人的救命恩人，这当中有多大的转变，岂是当事人预先能知道的？

◎

再拿我最近的遭遇来说吧！当我的《点一盏心灯》写到中途的时候，有位朋友来访，看了我写好的稿子说："这些东西太软，缺乏吸引人的力量！"

虽然你母亲说，那位朋友可能是嫉妒我的成绩，讲出酸葡萄的话，我当时也有些不悦。但细细检讨之后，发现确实有许多篇可以改变写作角度，以形成更大的戏剧性和说服力，所以将三十多篇全部抛弃重写，使《点一盏心灯》成为畅销而且常销的作品。

由此可知，到处都可能有自己的贵人，他们不一定是直接提拔你的尊长，反而可能是毫无关系的陌生者、一面之缘的过客，乃至你的敌人。只要你能从他们的身上有所领悟，并引导自己走向更美好的未来；或由于因缘，使你免于原本可能发生的厄运，他们就都是你的贵人。

所以，不要轻视任何人，也不要轻视自己，因为那平凡人可能是你的贵人，你也可能成为别人的贵人！

刘◇轩◇的◇话

微妙的人际关系

这是一篇写给有人生历练的读者看的文章，现在的我，在阅读时也比以前更有体会。因为在现实生活中，常会发现有许多原先不喜欢或相处不睦的人，最后却可能成为自己的贵人。例如我刚回到台湾工作时，有一次接办活动，被某夜店老板坑了一笔钱。当初几乎跟对方翻脸，但后来有一天，那个老板在他店里介绍了一位唱片制作人给我，那制作人又介绍了好几个业界朋友，让我很快打入台湾的音乐圈。没有那位老板牵线，我可能很不容易认识这些人，看来那老板岂不成了我的贵人？

在生死之间选择

如果今天是你爬山遇险，你只要抓住山边一棵小树，就能不坠落，但是小树上缠了一条蛇，你抓，还是不抓？

◎

今天你在弹琴的时候，从门外飞进一只大苍蝇，在几间屋子里窜来窜去，每当苍蝇飞到你附近，就听见你尖声惊叫。

“我怕嘛！我就是会被吓到嘛！”当我怨你大惊小怪的时候，你喊。

“你当然会被吓到。”我说，“可是你要控制自己，不要被吓一大跳，因为‘吓’不危险，真正危险的是‘一大跳’！”

但你还是不断惊叫，直到我把苍蝇打死，才重新练琴。

◎

孩子，你知道哥哥小时候也有个毛病吗？

他很怕痒，只要稍稍哈他一下，他就会痒得像你今天一样哇哇大叫。

但是你有没有发现，哥哥现在一点都不怕痒了。你知道那是你妈妈训练的吗？

因为哥哥小时候，有一次妈妈去学校，看见一群孩子在楼梯上打打闹闹，你哈我一下，我哈你一下，大家躲来躲去，随时可能滚下楼梯，真是太危险了。

所以，妈妈从那天开始就训练哥哥，每天哈他痒，又命令他要忍着。没想到，训练他一阵，他真不怕痒了。

哥哥后来不是真不痒，而是因为他懂得控制自己，不做过度的反应。

◎

“过度反应”常常会出大乱子。

我刚来美国的时候，有个朋友，就爱做过度反应。他开车，遇到路上任何一个小坑洞，都会闪过去，他说如果不躲开，一震一震的，车子容易坏。

但是他的车子比谁的都坏得快，而且不但车子坏，他还总出车祸。道理很简单——他过度反应。他固然闪躲了一些小坑洞，却因为分心，忽略了路上其他的车子，所以好几次跟别的车子擦撞，差点送了命。

◎

过度反应，最大的害处就是分心。你看看，电视新闻是不是常报道，车子因为闪躲小动物，造成大车祸的消息？每次在高速公路上，看见有小动物的尸体，被压成血淋淋、薄薄的一片，你骂那些驾驶人残忍的时候，我不是也告诉你，有一天你开车，如果发现有小动物躺在路当中，而车子正飞快行进的时候，也只能选择直直开上去吗？

在那紧要关头，你必须知道选择，用理智告诉自己，也控制自己情感的反应。你要知道，当你紧急刹车的时候，很可能造成连环车祸，许多人都会因此丧生。

◎

记得我十六七岁的时候，常爱爬山。有一次，到乌来的深山，下起倾盆大雨，我走过架在一个小瀑布上的独木桥，突然顺着瀑布冲下一条大蛇，啪的一声，就缠在我脚前的独木桥上。

天哪！你想想，那有多可怕！如果是你，会不会吓得从桥上摔下去？

问题是，桥下是几十米深的山涧，如果我不控制自己，而在当时做出过度反应，今天就没有你了。

所以，我虽然怕蛇，但是在那一瞬间，硬是强迫自己镇定下来，然后趁蛇还没完全清醒，一脚，把蛇踢了下去。

◎

说到这儿，我要问你，如果今天是你爬山遇险，你只要抓住山边一棵小树，就能不坠落，但是小树上缠了一条蛇，你抓，还是不抓？

你当然抓，对不对？

那么我再问你，如果今天发生大地震，我被倒下的东西压倒，知道你不可能帮得上忙而对你喊"快跑，快跑"的时候，你是留下来陪我一起死，还是听我的话，立刻往外跑？

◎

我举这样的例子或许太残酷了。但是，孩子，在我们生命中，常必须面对残酷的选择，在那一瞬间，你只能选择一个，不能两边都选。两害相权取其轻，你必须用理智克服感情，才能存活下来。如同我在《当你遇见大野狼》（《当你遇见大野狼》，见水云斋文化出版的《小姐小姐别生气》第 15 页）那封信里对你说的，当你不幸落入坏人手里，遭遇强暴，为了保命，你只好放弃无用的抵抗，唯其如此，你才有求救和讨回公道的可能。

听了这么多，你懂了吗？

我为什么说，你可以"吓"，但是不能"吓一大跳"？

为什么不说“不”

隔壁海伦请你过去帮忙弄电脑。你说：“OK！”

派特请你帮忙抬电子琴到学校。你说：“Yes！”

韩瑞叫你帮他录每个星期五的*Friday Night*。你说：“一句话！（Sure！）”

玛瑞安要你为她的派对做张海报。你说：“没问题！（No problem！）”

你为什么从不说“不”？

◎

现在让我讲讲今天发生在我自己身上的事，给你参考。

早上，王阿姨打电话来，问我能不能陪她一起去看苏富比

(Sotheby's）拍卖中国古董。我说：“不！”

中午，社区报纸打电话问我能不能为他们的征文颁奖。我说：“不！”

下午圣若望大学的学生打电话来，问我能不能参加周末的餐会。我说：“不！”

晚上台北传真过来问我能不能写个专栏。我说：“不！”

◎

当你说四个“是”的时候，我说了四个“不”！

你或许要说我不近人情，但你也要知道，当我说第一个“不”时，同时告诉了她：“下次拍卖古画，我会去。至于今天，因为我对家具、器物、玉石的了解不多，很难提出好的建议。”

当我说第二个“不”时，我说：“因为我已经做了评审，贵报又在最近连着刊登我的新闻，且在一篇有关座谈会的报道中赞美我，而批评了别人。如果再去颁奖，怕要引人猜测，显得有失客观。”

当我说第三个“不”时，我说：“因为近来有坐骨神经痛之苦，必须在硬椅子上直挺挺地坐着，像是挨罚一般，而且不耐久坐，为免煞风景，以后再找机会！”

当我说第四个“不”时，我以传真告诉对方：“最近已经寄出一篇头题（就是刊在重要位置的长文，而非专栏式的短文），专栏等以后有空再写。”

◎

我说了“不”，但是说得委婉；我拒绝了，但拒绝得有理。那你为什么明知道自己睡眠不足，功课又忙碌，却难以开口说“不”呢？

这世界上确实有许多人不会说“不”，他们或是不敢，或是不好意思。

譬如一个女职员明明不愿意，却不敢拒绝老板晚上的邀约；一个守门警卫明明知道没出示通行证的人不能放过，却不敢拦阻上司家人的座车。

一个鉴赏家明明知道是赝品，却不好意思不为献宝的朋友盖下鉴定为真迹的印章。

问题是：当那老板对女职员有进一步的要求时，后者不是吃了亏，就是在不得不拒绝的情况下终于得罪了老板。甚至那老板可能在丢了面子之后狠狠地问：“你既然不愿意，为什么不早说？”

当那辆车里藏了坏人，而出事之后，上司却可能将警卫扭送法办：“明明知道公司的安全规定，为什么让没有通行证的人通过，敢情是串通的？”

当那赝品终于被发现，收藏家可能说：“你如果知道，为什么不告诉我，害得我丢人！”至于别人则要讲：“那是什么鉴赏家？若非串通了骗钱，就是能力不足！”

你说，他们当初是不是该说“不”呢？

◎

不敢说“不”的人，往往缺乏实力，他们只怕不顺着对方的意，自己就要吃亏。岂知愈是想讨好每个人的，最后可能谁也没讨好，因为没有人珍视他的“好”，却要加倍责备他可能的不周到。愈是想对得起每一个人的，愈可能对不起人，因为精神、时间、财力有限，不可能处处顾及，结果服务的水准下降，还是对不起人。就算他拼老命地应付了每个人，至少对不起他自己。

我有个长辈，在三十年前去了一趟香港，每个人听说，都托她带东西，她也都说好，回来且送礼给每位朋友。没想到礼带得不足，后来连已经送给她自己子女的礼物，都收回来送给别人。

最糟的是，她的经济情况在回台湾之后元气大伤。原因是：她为朋友带的东西太多，全部被海关打税，又不好意思跟朋友要，以致自己扛了下来。最后有些朋友知道了，主动要付税。却在背后说：“比委托行买的还贵，只怕被她吃了！”

从我举出的这么多例子，你该了解：只有在你表现说“不”的实力时，对方才会感激你说的“是”；也只有在你知道说“不”的情况下，才能积蓄足够的实力说“是”。只有充满自信与原则的人知道说“不”，也只有别人知道你有说“不”的原则之后，才会信任你所说的“不”！

委婉地道出你的苦衷、说出你的原则，必能获得朋友的谅解，赢得对方尊重！

刘◇轩◇的◇话

不说“不”的理由

抗议！当时的我，并非老爸形容的滥好人。我说“Yes”，都是有原因的。

海伦是邻居，帮她做资料建档是我的第一份打工工作。帮她维修电脑，是一种“售后服务”。

至于派特，我和他一起玩音乐，一直非常喜欢他的电子琴，有机会能玩它，再好不过了！

韩瑞一向都会帮忙录我最爱的MV。偶尔换我帮他，是有来有往嘛！

至于校花玛瑞安，有机会帮她做海报表示能受邀参加她的派对，哪个男生不乐意？

人与人之间的良好相处，都是建立在互相帮助上。只要不失去根本、不伤原则，我觉得都是可以的。而今我在工作中接触到很多人，发现建立新客户并不难，难的是维持与老客户的关系。说穿了，帮助别人也是很好的 business decision（商业决策）。

当然，一旦说了“Yes”，就给自己添了一份责任。宁可拒绝人家，也不要答应后再食言。所以我现在年纪愈大，反而愈常说“不”，愈少说“是”了。

走在阳光里

很早以前看过一部意大利电影，其中许多穷苦的人，难熬冬天的寒冷，只要看到云堆破了洞，透射出一道阳光，就赶紧跑到那小片阳光中站着，霎时阳光不见了，别处再露出一线，大家又都挤到那里去。

时隔十多年，早不记得电影的名字，那群穷人追逐阳光的画面，却历历如新，尤其是旅美之后，每到苦寒的日子，见到和煦的阳光，便伴随着电影的回忆，而有一种特殊的感觉。

阳光的温馨，对于不曾经历冰天雪地的人，是不容易体会的。虽然在屋里看到外面耀眼的阳光，与春天的一般亮丽。推开门，却可能迎来沁人肌骨的寒冷，而有人说“冬天的阳光是假的”。但有阳光毕竟不同，站在阳光里和阳光之外，即使只有一线之隔，也见明显的差异。

我是一个拒绝冬天的人，所以尽管到了霜叶已经落尽的暮秋，仍然喜欢在寒冷的院子里流连，这时最能鼓励我或伴随我，使我不寂寞的，就是阳光了！

每当夕阳西斜，阳光开始从我的小院退缩，晚风分外寒冷，我也就不得不像电影中那群追逐阳光的人一样，跟随着阳光移动，即使只有头能沐在阳光中，也觉得温暖许多。

而当夕阳接近地平线，屋后森林的下方，全进入黑暗，唯有树梢上，还留下一抹余晖时，便只有高楼的鸟儿们能够享用了！

常觉得鸟最勤快，也最懂得抓住光阴。才露曙色，屋里连手表还看不清呢，它们很可能已经在枝头聒噪了。

至于傍晚，一棵秃树，可能停上千百只小鸟，逆光看去还以为生满了叶子，它们的头常朝着同一个角度，那八成就是寒风吹来的方向，因为只有这样，身上的毛才不会被吹乱，也才能保持温暖。

当然更能给它们温暖的，还是远处的夕阳。相信那正是它们站在树梢的原因。有时候夕阳几乎完全隐在地平线下，只要最高枝上不足两尺之处有一丝黄晕，便仍然可能见到几只不愿归巢的小鸟，坚持到底地守在那儿。

所以我常揣测鸟儿们的想法，它们只是为了求些温暖，还是想要欣赏夕阳？抑或居然有了惜寸阴的境界？至于它们起得最早，又是否因为巢在枝头，所以能比下面的人们更早见到晨光？

唐代的诗人常建有句“清晨入古寺，初日照高林”，正是描写晨光先照上树林高处的画面。现代的城市人怕无缘观察到这种景色，但何尝不能改为“清晨入都市，初日照高楼”，只是高楼往往剥夺了大多数人的阳光！

气温在冰点以下的日子，走在林立的高楼间，真不好受。因为阳光全被楼房阻隔，冷风却仍然穿梭肆虐。如果恰是下午两三点钟，阳光还能斜斜射入街心的时刻，就可以看见有趣的画面了。只见街道有阳光的那侧，挤满了川流的人群，在阴影里的一边，则只见稀疏的过客。这与意大利电影中表现的，不有着同样的趣味吗？

阳光的力量，确实在这样的冬日最能体现，我们甚至可能说那是锐利如刀的，它寸土必争地与阴冷的冬寒分割地盘。我曾经注意过屋边的雪地，竟然能剪出一块房影，也就是凡被影子罩住的地方都是白色，而露在阳光中的，则可能已经透出下面的土地。

尤其令我难忘的，是有一年冬天到日本旅游，独自从日光湖边的旅馆走向中禅寺，起初一段路因为都在向阳的一面，所以没有积雪。而当我转入背着阳光的一边时，竟然路表全是滑不留足的坚冰。古诗说“南山雪未尽，阴岭留残白”，又说“潜知阳和功，一日不虚掷”，不正是这个写照吗？

于是中国人所谓“山南为阳，山北为阴；水南为阴，水北为阳”的道理，也就令人豁然贯通了。只为中国在北半球，所以山的南边总能向着阳光，而如果山夹着水，水的南边临山，由于受到山影的遮挡，所以成了“阴”。古人因为没有足够的取暖设备，对于这阴、阳的观察和讲究，当然比我们深入。

西方的古人也是一样的，即使到今天，每当暮冬的时候，广播和电视里的气象专家，仍会提出他们的古老迷信：“看看冬眠的土拨鼠（groundhog），如果它二月二日第一次钻出地表时，看到自己的影子，被吓一跳，又逃回地洞里，今年的冬天就要往后延长六个星期了。”

其实道理说穿了，还不是因为阳光不够强，那影子还显得阴寒吗？

岂止土拨鼠如此，即使进化为人类，我们生理上仍然保有冬眠的趋向。许多人患有冬天抑郁症，不敢面对现实，不敢接受挑战，甚至连坐越洋飞机的时差也与日光有关。对于抑郁症的患者和时差的人，如果用强光照射，往往能痊愈，或缩短不适的时间。

当然，人造的强光永远无法比得上真正的阳光。野人献曝岂是愚者的浅见，实在有着大道理！

今午走过纽约曼哈顿的三十四街，看见许多年轻人斜靠在向阳的墙边日光浴，手里居然各拿着一片锡纸做的反光板，原来他们是怕斜斜的太阳晒红了半边脸，所以用反光板来借取阳光。

借取阳光？

可不是嘛！阳光是那么珍贵，使我们不但要追逐、要把握，甚至要借取！

走在路边满是积雪的第五街上，抬头看到圣派翠克大教堂，我对阳光突然有了更大的感动。我看到那夹在层层摩天高楼之间，原本应该阴暗而难得阳光的教堂，居然灿烂耀眼，仿佛闪着光辉，因为——

四周的建筑采用了全面的玻璃帷幕墙，不但没有遮住可贵的冬阳，反而纷纷反射，带来了更大的光辉……

让我们都有一片能反射阳光的玻璃帷幕吧！

让这个世界的人们，都能不自私地占有阳光，而能与大家共同享受这上天的美好。

让我们珍惜阳光，站到最高枝！

更让我们惜取每一寸阳光，温暖每一片土地、每一颗心！

奉献的树

“物竞天择，适者生存。”这“适者”不一定是占有者、胜利者，而是能与周遭生物“共荣共存”的。

◎

最近台湾有个很有意思的新闻。一个建筑商为一所研究院建农业科技大楼，因为弄死了一棵三十年的老樟树，不得不赔偿二十万元。我觉得这个消息很有意义，因为研究院在跟建筑商签约的时候，特别列了“护树条款”，显示他们对树木的爱护。樟木，就算百年的老树，在台湾也处处可见，但是如同该院一位名叫陈章波的研究员所说：“如果我们连一棵树都照顾不了，如何照顾学术？”

这让我想起小时候，我家院子里也有一棵百年的老树，我常爬到树上玩。邻居小孩把球扔进院子，也常翻过墙头，攀着那棵老树，到我家捡球。有一天，家里不知为什么，把大树砍了。我看着那剩下的半截树干好伤心。过了几天，更伤心的事发生了——家里失火，一下子烧成平地。

后来，一位会看风水的朋友对我母亲说："都怪你呀！好好的，为什么把树砍掉呢？树长得不对，可以坏风水；长得好，可以养风水。你家里的气，全仗这棵大树聚着。供还来不及，怎么能砍呢？"

对他这种迷信的说法，我很是反感，只是觉得看惯了的大树，一下子空掉，很不舒服，也有点不安。倒是另一位朋友说得比较有理："树石、花鸟，跟人都是息息相关的。我们一天到晚生活在当中，我们的'气'感应了它们，它们的'气'也感应了我们。经过长久的相互呼应，不适合有大变动。你以为只砍一棵树，其实树上的小鸟没了窝，各种昆虫没了家，下面的苔藓没了遮阴，习惯于树荫的房子少了遮蔽，连你的眼睛都不习惯，这影响可就大了。"

最近美国联邦政府对自然生态做的一项调查，也说出类似的道理。做调查的生物学家说："我们不是失去几种生物，而是失去一大批、一大批的生物。"他说的正是那种"连锁效应"，因为一种植物或动物的死亡，会造成连锁的影响。

美国国家地理频道也曾经拍过一群生物学家，他们用绳索垂降到夏威夷的悬崖上，拿着收集花粉的刷子，为一种植物的花朵进行"人工授粉"的工作。这原先应该是昆虫做的事啊！想想，一只小虫，从这朵花飞到那朵花，多简单？何必劳驾这群人，冒着生命危险，在几百米甚至几千米的悬崖上劳作呢？只因为那种昆虫已经永远从世界上消失了。生物学家如果不做，那稀有植物也会很快消失。

今天人们错误的一小步，常要后人的一大步去补救。问题是，我们能这样做多久？又能做多少呢？因为人类的贪心，而让生物永远消失，是我们的耻辱。更严重的是，很多为植物传递花粉的昆虫，像是蜜蜂，这两年都在快速地减少，别以为它们是小东西，要知道没了蜜蜂，很可能造成农业减产的灾荒。

最近在美国公共电视上，看见有关骆马（Llama）的报道，也让我很感慨。骆马是生长在南美洲安第斯山的一种动物。它们有着长长的颈子、小小的头和细细的腿，又因为肺功能强，使它们能生活在五千米的高山上。印第安人认为骆马是上天的恩赐，因为它们不但肉可以吃、奶可以饮、毛皮可以穿，而且能帮人驮东西。有意思的是，生物学家说，骆马的嘴长得很特殊，它们在吃草的时候，不会伤到植物的根，使那些草能很快地再生，也使它们总有的吃。电视里还介绍了骆马软软的蹄子，说那蹄子也长得巧妙，既能爬山，又能不伤到山上的植物。使我联想到我家院子里的麻雀。当我春天种菜，把种子撒下去，麻雀立刻飞来吃。可是过几天，种子发芽了，它们就再也不碰。我常隔着窗子偷看，看那些麻雀，在我的苗圃间跳来跳去，发现它们居然能不伤到嫩芽。等嫩芽长大了，结了籽，它们再飞来吃。

难道骆马和小鸟，都懂得“留一手”吗？它们为植物留一步“生路”，也为自己留一步“后路”。这或许也是骆马和麻雀能历经千万年，存续到今天的原因。“物竞天择，适者生存。”这“适者”不一定是占有者、胜利者，而是能与周遭生物“共荣共存”的。孟子说：如果不把细密的网子放进池塘，鱼鳖就吃不光；砍伐树木能找到适当的时节，木材就用不尽。不也是同样的道理吗？

不知道大家有没有读过谢尔·希尔弗斯坦（Shel Silverstein）的童话书《爱心树》（*The Giving Tree*）：

一棵高大的苹果树，荫庇着一个孩子成长。孩子在树下睡觉、捉迷藏，到树上摘苹果，还把名字刻在树干上。孩子长大了，找树要苹果去卖钱。树给了全部的果子。孩子要盖房子，找树要木材。树给了全部的枝子。孩子要到远方去，找树要大块的材料造船。树给了整个树干。孩子年老归来了。“我已经一无所有，”树说，“倒还有个剩下的根，可以给你当椅子。坐下来休息休息吧！”

如果地球像那棵树，是“奉献的大地”，我们会不会是那个人，总是向大地要东西，要到彼此都一无所有？又或者，我们从小小的年岁，就该知道“怎么拿”？

各位想想，让我们小时候攀爬的、给我们遮阴的，甚至给我们果实吃的那些树都还在吗？我们为什么一边种下小树苗，天天浇水照顾，一边在改建房子的时候，又毫不怜惜地把老树砍掉？如果被弃养的孩子，能有人收容，我们是不是也能找个地方，专门收容被弃养的树木，使那些在树下玩耍的孩子，有一天大了，甚至老了，还能去寻访童年的老朋友？我们是不是也能学台湾的那所研究院，在改建房子签约时，要求建筑商留给我们的“老朋友”一条生路？

在那些老树给我们荫庇之后，也让我们荫庇它们吧！

做梦的胆量

三十年前，听一位留美归来的大哥哥说：

“美国的橘子汁，好纯！好浓！一点儿水也没加。当我第一次喝的时候，每喝一口，都觉得自己变强壮了些。”

十六年前，我自己到了美国，一位女同学说：

“天冷空气干，擦点保养乳液，这里的又好又便宜，擦上去，心里都舒服，觉得一下子年轻好几岁。”

以后几年，我就常寄乳液回台湾。起初很受欢迎，只是这几年变了，经济起飞，老外有的东西，中国处处买得着。

倒是每次有国内朋友，到我的乡居，常没进门，就仰着脸，深呼吸：

“你这里真好，空气多干净啊！比溪头都清新。吸两口，就觉得能多活几年！”

◎

二十年前，在“央视”当记者，听说七星山下了雪，一群同事挤满一车，冲上去“采访”雪。

采访完，还带了一包下山。灰灰白白加上草叶和泥巴，冲进家门，先喊儿子：

“快来看！真正的雪！”

十三年前，太太带着老母和儿子，来到了纽约。

不久之后，下了第一场雪，只是稀稀疏疏的小雪片，儿子却跑到外面又叫又跳：

“雪！雪！好可爱的雪！”

今年，纽约下了几十年来最多的雪。

旧历新年，儿子赶回家守岁，也赶上了最大的一场雪。

夜，雪停了，怕再结成冰，不得不立刻出去铲。儿子一边铲，一边喊：

“为什么住在这个鬼地方？下这么多雪！”

◎

“我希望将来能有钱！”大学四年级，新婚的妻子对我说。

她说得很轻，听在我心里，很重。

然后，我毕了业，教了书、主持了节目、当了记者、出了书、展了画，有了些钱。

“钱要存着。”妻说，“把分期付款还清了，把孩子的教育费存够了，把应急和养老的钱准备了。希望有生之年，我们能去一趟欧洲。玩过欧洲，死都心安了！”

去年秋天，我对妻说：

“你前一阵的工作，不是忙完了吗？我们参加旅行团，去一趟欧洲吧！”

我立刻报了名，不过十二天的西欧之旅。

临行，妻突然变得很不安，为小事跟儿子大吵了一顿，突然打电话给旅行社：

“我们不去了！”

“为什么要变卦？什么都安排好了！”我不解地问，“去欧洲不是你的梦想吗？”

“不知道为什么，我只是心里不安，有点怕，怕离开家……”

（我们还是去了，只是十二天，打了十通电话回家。）

小时候，家旁边有条河。河边长着红蓼和野姜花，我常抓着野姜花，把手伸得远远的，放下我的小纸船。

水流很快就把小船荡开，我也赶紧跑回岸上，踮着脚、伸着脖子，看我的小船漂向远方。

二十年后，我到了美国的南卡罗来纳州，常跟当地的艺术家夜里开着小船出游。

湖很大，四周有草地也有森林。用电筒往森林里照，能看见一双双闪亮的眼睛。

那时，我常想，开船比开车容易太多了，路又宽，又没红绿灯，将来我也一定要买条船。

四年前，搬到了长岛，就住在海湾旁边，地产掮客指着两百米外的码头说：

“你把船停在院子里，要开的时候，就推进水里，连‘停泊费’都省了！”

我没买船，倒是常带女儿到码头上散步。

有个长长的木桥，通向水里一座浮动的停泊站，许多空船靠在那儿。

“要不要坐船？”我把女儿抱起来，放在别人的船上。

“这怎么算坐船？”女儿说，“船又没动！”

“船在动啊！水在动，船也动！”

“远远的那是什么桥？”女儿指着问。

“是白石大桥！”

“过了桥是什么？”

“是布朗克斯大海湾。”

“过了大海湾呢？”

“就是大海了！”

女儿眼睛突然亮了起来：

“我将来要买一条船，开过大桥、开过海湾，到大海！”

“好极了！所以爸爸给你取名叫小帆，希望你带着爸爸、妈妈年轻的梦想，扬帆到你想去的地方。”我拍拍她，“但是要早，趁着年轻！”

◎

从年轻到年老，多少理想实现了！多少美梦破碎了！多少豪情消逝了！

我们可能实现年轻的梦，只是找不回那个年轻的自己、年轻的情怀、年轻的时代，以及年轻时做梦的胆量！

为自己留条退路

不知道你有没有看过由《贫民窟的百万富翁》的导演执导的《127小时》。

那是根据艾伦·罗斯顿的真实故事拍摄的——

一位登山家，独自攀爬世界上最窄的峡谷，不幸被一块落石击中，右手臂夹在巨石和岩壁之间。他用尽方法，都抽不出手臂，眼看干粮、饮水用尽，孤立无援的登山家不得不用随身的小刀插入手臂。问题是，刀太小，切不断骨头。逼得他使用更残酷的方法，硬生生把骨头折断，再一刀刀将皮肉切开，终于血淋淋地脱身。

他撑着最后一口气穿过峡谷，严重缺水，使他随时会昏厥死亡，所幸发现悬崖下有一泓潭水。

问题是，悬崖那么高、那么陡，他又只剩一只手臂，怎么下去？幸亏他带了一条登山的绳索。

如果没那条绳索

看完整部电影，令我印象最深刻的，除了一刀刀切开手臂的血淋淋画面，就是那条绳索了。登山家用它把自己固定在峡谷中间，才能一步步设法脱身。也靠着那条绳索，他才能从悬崖垂降到下面，喝到水，找到救兵，保得一命。

其实那峡谷窄到用双手、双脚撑着就能上上下下，根本不需要绳索。就算需要，也犯不着带那么长一捆。

他为什么带？又为什么绳索不离身？即使在断臂失血的情况下，还不忘带着那捆绳索？

因为那是他的退路！

所有的登山家都备有“退路”。他们可能在背包里带一大块塑料布，里面裹着一盒火柴、一包盐巴和一个哨子。

当他坠崖迷路的时候，可以用塑料布包住身体以免失温；可以用火柴引火，以烤食取暖；可以在断粮时捕猎，用盐巴和着下咽；可以在无力喊叫时，吹哨子求救……

投资者的退路

所有的投资家，一定有退路。

他可能有积极的、平衡的、保守的、避险的退路。他不把鸡蛋放在一个篮子里，就算碰上金融危机，还能像前面那位登山家，保得一命，东山再起。

冒险家的退路

所有的冒险家，一定留退路。

高空跳伞，主伞出了问题，像一块石头般往下坠，突然伞张开了，是副伞！

太空船出了问题，警铃大作，接着爆炸。就在那团火焰中，飞出一个小东西，是逃生舱！

交通工具的退路

所有的交通工具都该有退路。

船上有多少乘客，就该有多少救生衣和救生筏。

大巴士除了有逃生窗、逃生锤，顶上还有可以开启的逃生门。

连火车、地铁里都有拉环，可以紧急停车。

公共场所的退路

所有的公共场所都该有退路。

旅馆把逃生路线标示在每个房间的门后。

电影院一片漆黑的时候，安全门的红灯依然亮着。

电扶梯的前后总有按钮可以立刻停机。

球队的退路

所有的球队、剧团都有退路。

当主帅不行的时候，有人代打。

当场上正在投球的时候，“牛棚”里已经忙碌热身。

当A线主角生病的时候，B线演员立刻接手演出。

你家的退路

人生百忌，忌没有退路！

你投资的鸡蛋在几个篮子里？如果你挺富裕，是不是该把资产像切蛋糕一样规划？不动产、股票、现金，就算一时房子卖不掉、股票不宜脱手，还能有现款应急。

你家有没有做过防灾演习？如果大楼有火警，你们选哪条路逃生？你叮嘱过家人火警时不能进电梯吗？你注意过逃生梯，平常都畅通无阻吗？你做过假设，譬如家里的厨房失火，该怎么处置、怎么跑、往哪里跑吗？如果有强化玻璃窗挡路，你家的锤子放在哪里？如果有铁栅窗阻隔，能打开的是哪一扇？你跟全家约定过，假使发生火灾，逃出之后要在哪里集合，以免误认有人陷身火海，冲进去反而遇难吗？

你家有个重要档案，写上如果你出车祸该找哪家保险公司；如果你出问题存折在什么地方；如果你有重要收藏，它们藏在什么位置；

如果你有银行保险箱，是在哪家银行。

你平常注意急救方法吗？如果有人突然噎住，你懂得怎么急救吗？如果需要心肺复苏，你会最基本的心脏复苏术（CPR）吗？如果有人烫伤，你知道处理的方法吗？

你的钥匙有没有备份？藏在哪里、存在哪里，使你紧急时可以拿到？你告诉过孩子的学校你家的紧急联络人，使他们在找不到你的时候，可以有另外的渠道吗？

你告诉过家人，如果碰上可疑的人，用什么方法查证吗？你们有没有约定过识别的信号？

问个残酷的问题：

如果你是中央集权的一家之主，什么事只有你一个人知道，有一天，你出了意外，躺在床上开不了口，你急不急？

如果你藏了黄金在墙壁里，只你一人知道，今天你突然死了，来不及告诉你的家人，死后若有知，你能平安往生吗？

第二章

迎向开阔的人生

愿每个人都能脱离心灵的囚笼。愿每个人都能走出心中的单行道。愿每位年轻朋友，年轻时就发光、发热！愿大家都能迎向开阔的人生！

平常心，心常平

只有平常就努力、平常就警醒的人，才有资格谈“平常心”。

“后天就要生物科会考了，我好紧张。”晚餐时你皱着眉说。

“要有平常心。”我先简简单单地说，又加了一句，“我和你妈妈就有平常心，所以明明知道你要会考了，也不多问你，怕你因为我们问而更紧张，也更没有平常心。”

“什么叫平常心？我不懂。”你说。

好！我就用平常心跟你谈谈平常心吧！

◎

平常心，正如它的字面意思，是“平常有的心”，是“平常的心情”。举个例子，你平常早餐都吃一个鸡蛋、一块面包，晚上都睡七个小时；

考试的时候，也像平常一样睡七小时，早餐吃一个鸡蛋、一块面包，就是有平常心。

至于没有平常心的人，可能碰上考试只睡五个小时，早上为了增加体力，多吃一个鸡蛋、一块面包，还多喝杯果汁、吃根香蕉，到了考场，又灌下一瓶浓缩鸡汤。结果，你猜怎么样？

因为他的生活方式跟平常不一样，睡得少，本来新陈代谢已经不好，又吃太多东西，不习惯，反而可能在考场胃痛。

◎

我就曾经在参加大专联考的时候，因为没有平常心而呕吐；我也曾经因为没有平常心，在上电视主持特别节目的那天，脸上长了两个大包。

为什么？

因为考试之前，我为了补充体力，特意买了几瓶保健饮料，那种饮料的主要营养成分是氨基酸，不适合我。至于主持节目那天长大包，则因为我在前一天晚上照镜子，看到几个粉刺，挤又没挤好，造成发炎。

我平常总挤痘子，很少发炎，为什么偏偏那天出问题呢？

很简单，因为没有平常心。

平常我要挤就挤，反正第二天没什么大事，挤坏了也没关系；可是那一天既想挤又不敢挤，生怕挤不好，结果因为不敢用力挤，反而没挤干净，造成第二天发炎。

◎

所以我说，要有平常心，你平常习惯怎样，考试前保持那样，就不会出问题。

我甚至建议你完全照平常的时间上床，即使早准备好了，也别因为想多睡几个小时而提早睡觉，因为太多人得到过这样的教训，就是碰上第二天有大事，早早上床，既不困，心情又紧张，反而造成失眠。

妈妈在晚餐时也说过——学生时代，她大考前不洗头，考试那天不穿新衣服、新鞋子。

我在学生时代跟她一样，那也是一种保持平常心的表现。因为当你在服装上面放太多的注意力，或是穿了自己不习惯的衣服、鞋子，剪了不习惯的发型，造成分心或临时出了状况，反而会影响考试。

举个例子，我小时候有一次参加台北市的演讲比赛，特意在那天穿了新衣服、新皮鞋，就差点儿出问题。

因为弯腰系鞋带，裤裆就咔嚓，裂了。等缝好裤子，匆匆出门，又发现那双皮鞋因为是新的，硬，磨脚，走一步痛一下，造成我连上台都一拐一拐的。

你说，那不平常的心，不是弄巧成拙吗？

◎

经过大半辈子，我觉得，愈是碰上不平常的事，愈要有平常心。所以，在做胆囊切除手术的前一天，我跟平常一样写文章、看书、看电视剧，跟平常一样在固定时间上床；我每次出差前，也必定跟平常一样在固定时间睡觉、起床、打球。

我见太多了！许多人在出门旅行前赶着安排未完的公事，上飞机前一夜，先赴应酬，大吃大喝，又装行李装到深夜，结果还没出门，已经扭伤了腰，上飞机之后又开始拉肚子，加上出门之前休息不够，没几天就感冒了。

或许你要说，出门前的事情当然要安排好，行李也当然要装。

◎

对！这正是我强调的。

愈是将要面对不平常的情况，你愈应该早早安排，把那不平常的负担用前面充裕的时间分散。

如同考试，你想有平常心，就应该早早准备；你想出门之前表现得从容，就应该早早去规划，甚至两三天前已经收拾好行囊；你想穿新衣服上台，则应当早早就把衣服试穿一遍，甚至穿上鞋子里外走走，看看步子跨不跨得开，脚又会不会踩到裙角。

“平常心”要以“平常”来准备，而非临时抱佛脚。

“平常心”也是“心常平”，让你的心总保持在平静的状态，才能以不变应万变。所以，只有平常就努力、平常就警醒的人，才有资格谈“平常心”。

心扉随年龄更换

假使心有扉，这心扉必是随着年龄而更换的。

十几岁的心扉是玻璃的，脆弱而且透明，虽然关着，但是里面的人不断向外张望，外面的人也能窥视门内。

二十几岁的心扉是木头的，材料讲究，而且雕饰漂亮，虽然里外隔绝，但只要爱情的火焰，就能将之烧穿。

三十几岁的心扉是防火的铁门，冷硬而结实，虽然热情的火不易烧开，柔情的水却能渗透。

四十几岁的心扉是保险金库的钢门，重逾千斤且密不透风，既耐得住火烧，也不怕水浸，只有那知道暗码、备有钥匙的人，或了不得的神偷，才能打得开。

别把自己锁在门内

有一天我到朋友家去，很惊讶地发现，他正喂怀里的娃娃吃乳酪。

“我只是给她尝尝味道，让她从小就习惯。”朋友笑道，“免得长大了，怕乳酪味道，还可能因此打不进洋人的社会。”

可不是吗？在美国处处看见中国人拒吃加了“乳酪”的东西，说又酸又臭，令人作呕。偏偏西餐里常加乳酪，连鸡尾酒会，都拿各种乳酪做点心。我们不碰任何有“乳酪”味道的东西，就造成许多食物都不能吃了。

乳酪与臭豆腐

相对地，“洋人”常是不吃海参、皮蛋和臭豆腐的。甚至在中国待上几十年的外国人，碰到这三样东西，都敬而远之。

于是，中国人常拿“洋人”开玩笑——

“您到中国多久了？”

“十三年了。”

“您真算是个中国通了。不过，您爱吃臭豆腐吗？”

“我不敢吃。”

“对不起！您对中国文化是一通也不通了！”

这虽然是个笑话，却有值得我们深思的道理。

为什么中国人非但不怕臭豆腐，而且觉得好吃无比，西方人又视乳酪为珍馐美味，甚至不可一日无此君呢？

当我们拒绝一种食物的时候，是不是也拒绝了一种文化？甚至因此失去了许多情趣？

同样的道理，当有一个人对你说：

“我不能吃烤的，因为会上火；我也不能吃炸的，因为会泻肚子；我更不敢吃生的，因为会恶心。”

于是，你不能请他吃蒙古烤肉、美国炸鸡，更不能请他上日本料理店吃“生鱼片”。

那是幸，还是不幸呢？

走向新一代

我有一位邻居，专门向大工厂推销经营理念，他对我说了一段很耐人寻味的话：

“当我去拜访时，有些工厂老板，无论多忙，都会安排时间，不但细细听，而且提出问题。相反地，有些老板只是一挥手：‘我没空！’”他语重心长地说，“对于后者，我只有同情。因为他不但把我关在门外，也把他接触一个新观念的机会，关在了门外。”

他的话使我想起一老、一少。

“一老”是叶公超先生。我记得他在过世前不久，还参加了“国立历史博物馆”的艺术家座谈会。

满头银发的叶先生，扶着拐杖站起来，很客气地“请教”一位新潮艺术家的创作理念。他很辛苦地站着，盯着对方，十分专注地听那个比他小半个世纪的年轻人分析。

我突然有种强烈的感动，觉得眼前这位外交耆宿，虽然已经七十五岁，却仍然站在时代的前端。

至于那“一少”，则是位文艺界的朋友。有一天，她很不屑地对着我批评一位二十几岁的新作家，说其作品太肤浅，真是一代不如一代。

问题是，当我硬不信邪地看过之后，却发现那文坛新秀的作品好极了。

我开始了解：

当一个人追不上时代，他表现的第一个特征，就是否定新一代。他对新一代关上门，也把自己锁进了旧时代。

打开你的心门

只是令我惊讶的是，居然在新一代当中，也有人患了这种“关门”的毛病。

记得一群美术系的学生，曾对我说："我们很讨厌阿璧那一套。"

他们说的阿璧，是老一辈的画坛宗师黄君璧先生。也记得一群某名校的学生得意地对我讲："我们是不听国语歌曲、不看国片的。太没水准了！"

他们岂知道，当他们这么做的时候，也是关起了自己的门。不论对下一代或上一代，只要关起门，就使自己的眼界更窄、出路更有限。

其实我的儿子，也做过同样的傻事。

几年前，当我放国语歌曲给他听的时候，他很不屑地摇摇手走了。但是，没过多久，他到了中国台湾，接触了中国台湾的年轻人，也了解了中国台湾音乐制作的情况。

他突然改了，说中国台湾同时接受欧美和日本的最新资讯，在音乐创作上有惊人的潜力和成就。

他为什么会一百八十度大转弯？

因为他对台湾打开了心门。

用他们的眼睛看

"试着用他们的生活去生活，用他们的眼睛去看他们的世界。"

在研究落后民族文化的时候，我接触到这句人类学的名言，也被它深深地影响。

我发现当我们嘲笑那些原始民族，为什么只会叉鱼，不会网鱼，为什么对死人有那许多奇怪的禁忌时，常因为我们不了解他们。

每一个民族，都是人类，都经过千万年的岁月，绵延到今天。我们会想，他们也会想。我们有我们的价值观，他们有他们的价值观。

我们应该谅解每一个民族的文化和习俗，都有他们的道理。而当我们有了“文化谅解”，也就有了同情，以同一种情怀、同一个角度，去看这个世界。更可以说：

我们对世界的每一种文化，打开了心门。

新人类的语言

打开心门，真是太重要了。

无论多忙，我每天总要抽时间看报纸、看电视、看杂志，也常常借录影带回家欣赏。

看报纸的时候，我不但看大新闻，也看小小的分类广告。因为在那里，我可以见到许多“社会角落”的动态。

看电视的时候，我常转到服装表演的频道。虽然知道自己不会，也不敢穿那样新潮的衣服，但我要看看现在流行什么，我相信那流行一定有它的道理。我可以不跟，但不能不知。

看杂志的时候，我会注意“新人类”的语言，也常看看新人类餐厅的介绍。我会想，在那小巷里开了这么一个很新潮的咖啡店，会有怎样的“酷”人往那里聚集？又会在他们交会时，发出怎样的闪电？如同三十年前，武昌街的明星咖啡屋，灿烂出多少文艺的火花。

至于我看的电影，常是由美国图书馆借来的。许多是法国、德国或意大利的作品，必须跟着英文字幕欣赏。

许多片子，好冷、好平、好枯燥。

许多次，我才看一下，就想关机。

许多片子，我看完十分之九，都觉得烂。

但是，我相信，它一定有它的道理，于是坚持看了下去。

妙的是：看完那最后的十分之一，我一次又一次地被感动了。我发现自己最想半途关机的，常是留给我最深印象的电影。

我真庆幸自己没有关机，否则，我就关上了自己的机会。我也真庆幸自己，总能欣赏年轻人的作品，表示我还年轻。

而每当我听朋友说“我不看某人的作品，我不吃某种东西，我绝不跟某人交谈”的时候，我都会对他们说：

“别将别人关在门外，也把自己锁在了门内！”

写一篇有你自己的文章

初中一年级的时候，我家因为失火，什么都烧光了。有位好心的邻居，拿了他家孩子的旧制服给我穿。

本来当时社会的经济情况就不好，又是旧衣服，所以有不少破绽。我至今都忘不了，母亲在灯下为我缀补的画面，以及第一次穿上那套旧制服的感觉。

新补的地方，厚厚的、硬硬的。虽然母亲缝得很小心，但是还是可以看到一圈圈的线痕。尤其是两个膝盖，左一块、右一块，让我觉得人人都盯着看，好自卑。

只要我喜欢，有什么不可以

所以现在每次我见到年轻人，故意把牛仔裤的膝盖用刀片刮破，再一丝一丝地拔，硬是弄成两个破洞，心里都想，如果“当年”能像今天该多好。

三十六年间的变化有多大啊！以前的人唯恐穿得不好，被人瞧不起。现在却随便穿，说：“只要我喜欢，有什么不可以？”

这句话其实大有学问。我发觉只有到了富裕的社会，人们才不会以“衣冠取人”。因为大家知道人人买得起好衣服，所以“穿得旧”“穿得破”，一定不是因为穷，而是“他喜欢”。

不令我感动，我就不欣赏

这道理也反映在许多事情上。

以前买画，先问画家是不是有名，似乎画不重要，名重要。

现在不同了，买入的画主要是为自己喜欢、看了舒服。有时候在联合画展里，大家价钱差不多，但是新秀的作品卖光了，老一辈的名家却乏人问津。

买书也一样，许多年轻人会问我：“为什么你喜欢某人的作品？我们就不觉得他怎么样。”

“他写得好啊！你看他用词、用典，就知道他古文基础有多深厚。”我说。

“深厚有什么用，它不让我感动，我就不欣赏。”年轻人摊摊手，“只要我不喜欢，伟大又如何？”

我听了，吓一跳，觉得新新人类真厉害。可是后来想想，他们说的，也不是全没道理。

我最近在报上看到一位著名学者的作品，通篇是“四字成语”、专有名词和典故，让我读来叹服不已，可是读完了，却不知他到底要说什么。接着又看到一篇小说，数千字读完，才发现不是翻译作品，而是道地本土的东西。只是，他为什么要用那么多“奇特的语法”？怪不得年轻人不喜欢。

时代毕竟不一样了。以前听学生的演讲比赛，都是手势比得大、口号叫得响的人得奖。现在却是由那些娓娓道来、说理清楚，能够“服人”“感人”的得奖。

这些现象，不都与前面所说的“不再以衣冠取人”的道理一样吗？

这不再是“掉书袋”的时代

想想过去数千年，能受教育的有几人？再想想五六十年前，能受完整教育的有几人？怪不得人们要由文章中“书袋掉得多不多”来衡量作者的学养，甚至品评文章的好坏。

只是到今天，人们都受了完整的教育，你会的我也会，你读过的我也读过。于是，“既是真理，何必问是谁说的”，你的名声再大、学问再好，如果不能让我心服，我就不认为你高明。

你为何写、为谁写

“不重形式，重内容，这必然是时代的趋势。”许多年轻朋友，问我怎么把文章写好，我总是这样回答。

这是个重效率的时代，你能用三百字讲清楚的事，何必用六百字去说？你能用人人可懂的文辞说明的事，何必用艰深的词语？你文章再长、辞藻再美，如果不能感人、服人，又有什么用处？这不就好比在台上顿脚捶胸，却不能感动听众的演讲，它既然与读者、听众“脱了节”，也就一无是处。

我觉得今天不论你是写课堂上的作文，或是发表在报纸上的文章，在一开始，都先得把“卖弄学问”的想法去除。

你应该先想，我要写什么？为什么写？对什么人写？

你可以像《诗经》用“兴”的方法，先说别的事，慢慢营造气氛，再把读者带入主题；也可以用“比”的方式，用大家熟悉的事物去比喻；更可以用“赋”的方法，开门见山地去说明。

但无论你怎么做，都不能忘了自己写那篇文章的“主旨”。

为文如登山

写文章就像爬山，你可以带一大堆登山工具去攀险峰，也可以徒手走上山头。不管你怎么做，最重要的是带领你的读者，走向你的目标。你既不能因为太拘于形式、辞藻、典故，而像是行囊太重的人，到头来半途而废，也不能连基本的登山训练都没有，就去涉险。

由日记开始

所以我要建议年轻朋友：

你应该由平实做起。先用自己最有把握的文字，尽量把心中的道理说清楚，再进一步求形式和风格的变化。

你应该每天写日记。时间多，写几百字；功课忙，写三五十字。既练习长篇的严谨，也锻炼小品的精简。

最重要的，因为那是写日记，你只求记下事情、写出心声。所以必定最真实，也最能接近你的心灵。

如果你记事能清楚、抒情能感人，不是已经成功了吗？

说出心里话

我也建议老师和家长，不要希望在孩子的作文上见到“课本中的古人”，而要盼望在纸上做心灵的沟通。

人生的岁月是一去不返的，许多情怀也是一去难追的。如果十六岁的孩子，不能在他们的文章里表现十六岁的心灵，却要套用六十岁老人的感觉，会是多大的损失！

“掉书袋”“喊口号”的时代过去了，每个人都该做他自己，走他自己的路，说他自己的话。

品评文章很容易——

在你对别人说之前，你应该先问问自己，信不信你说的道理。

在你写完文章之后，你应该自己先读一遍，看一下你想说的事情说清楚了吗？

在你想用文章感动别人之前，你应该自问：“有没有先感动自己？”

如果你写了又写，改了又改，认为自己实在写不好，那么我问你：

“如果你用说的，能不能把心里话说清楚？”

如果你说可以，那么，把那心里话，一字不漏地写下来。我保证，那会是一篇毫不造作的好文章。

一句话让你成功

“秦小姐好！”小康堆上一脸笑，“王总来了吧？对不起，我提早到了。噢！对了！我叫工厂送样品过来。”小康东张西望地说，“是不是还没送到哇？”

秦小姐摇摇头。

“什么？还没送到？唉！他们老是拖。”小康立刻拨手机，才拨两下，看小廖进来了，立刻停止动作。

“小廖居然也来这里抢生意，”小康心想，“他跟我从同一个地方进货，麻烦了，他报价会不会比我低？”心里想，表面还是堆一脸笑，跟小廖握了个手。

小廖的手又湿又滑，他也去向秦小姐示好：“秦小姐好！”然后也一样小声问秦小姐，“请问我那样品送到没有？”

秦小姐也照样摇了摇头。

就在这时候，门开了，王总走了出来，居然没叫两个人进去，只是匆匆忙忙地说：

“你们推销离心果汁机，有没有附加切菜功能的那种？”

“有有有！”小廖和小康一起答。

“那就现在拿一台来看看，我急需。”王总说完，居然又进去了。

◎

小康反应快，一个箭步，跳出门去，躲在一角打手机：“喂，我是小康啊！我要你们出的那台机器送来了吗？什么？出来了？你们不是总拖吗？怎么今天那么快？麻烦你们再出一趟车送一个 A3 型过来，拜托！拜托！”

小廖在会客室里也没有闲着，他向秦小姐借了电话：

“喂，我是小廖，我急着要补一个 A3 型切菜机，如果来得及，你们跟离心机一起送过来好不好？”

◎

两个人打完电话，都继续在会客室里等。

突然电话响，秦小姐进去几秒钟，便见王总穿得整整齐齐地冲出办公室。

又过几分钟，进来七八个洋人，看王总的样子，必定都是大客户。王总的办公室门关上，接着又打开。王总探出头来，低声吼：“切菜机和离心机呢？”

“立刻到！立刻到！”小康和小廖赶紧报告。

果然，正说呢，东西就送到了。三个大箱子抬了进来。

“康先生一台离心机，廖先生一台离心机，加上后来追加的切菜机，”送货员说，“请签收。”

有话好说

你猜，这笔大生意，小康做成了还是小廖做成了？

当然是小廖。

可是你想通了吗？同一个送货员，同一辆车，由同一个公司出的货，两个人又在同一时间打电话，要求加送一件。

为什么小廖的赶上了，小康的没赶上呢？

如果你是商场老板，一定早知道答案了——

因为他们说话的方式。

当一个公司送货总是迟、总是慢，总挨你骂的时候，有一天，你居然盼望他还没出发，希望他加送一件东西的时候，千万别一开口就问：“东西送出来了吗？”

当你这样问的时候，明明东西还没出门，他怕你骂，也会说：“走了！走了！”

这时候，你要他加一件，他好意思改口就说“正巧，还没走”吗？

但是，当你换个说法：“我急着要加一件，如果东西还没出门就好极了。”对方则可能说：“真巧！车子正发动，我叫他等一下。”

于是，你赶上了。

当你又要迟到的时候

换个角度。如果以前约会，你总迟到，今天你又要迟十五分钟，为了怕对方着急，你打电话过去，说话的技巧也很重要。

假使你电话一接通，就说："对不起，我今天要迟一点。"

你猜对方会怎么反应？由于他已经很痛恨你过去迟到，他八成会立刻冒火："怎么搞的？又迟到。你不是说这次会准时吗？"

但是当你换个方式，说："老张啊！我准三点一刻到，堵车，稍迟十五分钟。"

他一听，只迟十五分钟，则可能高高兴兴地说："好！我等你。"

当你只考六十分

又比如，你是个学生。

今天考数学，考了六十分，你回家要怎么说？

如果你开门见山："爸爸，我数学考六十分。"

搞不好，啪一声，一记耳光过来。

但假使你拐个弯说：

"今天数学考试好难哟，多半的人都不及格，连向来第一名的王大毛都只考六十五分。"

你老爸问："那你考几分？"

“刚好及格，六十分。”

相信，那一巴掌绝不会过来，老爸当天如果情绪好，还能赞美你两句呢！

当场砸了宝贝

一个女学生上课时对老师说：“我昨天打破了我爸的古董茶壶。”

“你父亲有没有很生气？”老师问她。

“没有耶！我对他说：‘爸爸，我给您泡茶，泡了这么多年，都很小心，可是今天不晓得怎么搞的，把茶壶打破了。’”女学生说，“我爸爸先一怔，然后笑笑，故作没事地说：‘破了就破了，东西总会破的，改天再买一个新的吧！’”

她这话，全班都听到了。

无巧不巧，隔几天，另外一个女学生也为她爸爸泡了好几年的茶，也打破了古董茶壶。

她想起前面女学生说的话，照样去向她的爸爸报告，却被臭骂一顿。原因是，她把同样的话，换了个前后次序说出来——

“爸爸！我打破了茶壶。”她战战兢兢地报告。

“什么？把茶壶打破了，那是古董耶！”她老爸脸色大变。

“爸爸！可是我今天不晓得怎么搞的……”她解释。

“你心不在焉！粗心！”

“可是，我给您泡茶，泡了这么多年……”她又解释。

“你还强辩？”老爸吼了起来。

坏话要缓说

好！现在让我们回头看前面的四个故事——

“你们送货车出来了吗？”

“我今天要迟到。”

“我数学考六十分。”

“我把茶壶打破了。”

这些都是他们说话的重点。如果是播报新闻或开会，这些重点都必须先说。但是在某些特殊的情况下，为了减少“冲击”，却不得不后说。

也可以讲，令人敏感的结果，最好不要单刀直入，你可以先“设定底线”，使对方知道糟也糟不到哪里去，或者经过“对比”，使那原本听起来很突兀的结果，显得不那么刺耳。

当然，还有许多情况，需要你先隐藏谈话的目的，一点一点，制造气氛，引导对方进入你的主题。

让自己动起来

二十多年前，在报上看过一则很妙的新闻：

“某著名女校的厕所总不够用，因为学生抢着上厕所，又占着茅坑不拉屎，而在里面背书或记英文单词。据说比在外面读书，有事半功倍之效。”

看到新闻的朋友都将信将疑，笑说：“难道厕所里的臭味能帮助记忆？照这么说，应该愈臭愈好了。”

隔不久，又听人说：

“现在有些小型补习班，一班只几个学生，不但夏天有冷气，而且人人坐沙发。”说的人最后补了一句：

“不过，据说效果还不如那些坐硬板凳的。大概沙发太舒服，学生容易打瞌睡。”

硬板凳与软沙发

事隔二十年，最近在纽约看到一篇报道，居然真证实了一些道理。

报道引述加州大学洛杉矶分校的人体运动学教授摩尔豪斯博士的话。摩尔豪斯做实验，让二十个学生，先坐在柔软的沙发椅子上读书，过一段时间，又改坐很不舒服的硬椅子。

结果发现，那些学生坐硬椅子时，因为不舒服而不断调整坐姿。看来虽然好像毛躁不安，学习的成绩却比坐沙发好得多。摩尔豪斯说：

“一个坐沙发得 B 的学生，坐硬椅子往往可以得 A，因为后者使脑部得到更多氧和糖的供应。至于维持一定坐姿的前者，只要几分钟不动，血液循环减缓，脑部得到的血液和营养减少，读书效果就差了。”

于是，我猜想，当年某校女生在厕所读书，会不会正因为厕所里不舒服，造成身体不断挪动，而有了较佳的效果呢？摩尔豪斯博士在研究报告里，也确实强调：

“许多父母、师长认为孩子一边念书，一边动来动去，或打哈欠、伸懒腰，是静不下来专心工作。岂知道，规定孩子不准动，反而是错的。”

打猎、长跑与飞翔

美国作家海明威，总在钓鱼、打猎或练拳之后写作，他 1935 年出版的名著《非洲的青山》，就是在非洲打猎之后写成的。

在日本，被誉为20世纪80年代文学旗手的村上春树，为了培养耐力和信心，居然练习跑四十二公里的马拉松，从起初只能跑三公里，到一年之后跑完全程。

然后，他成功地创作了《世界末日与冷酷异境》。

法国作家安托万·德·圣艾克苏佩里，从小就爱写作、爱飞行。在飞行时思考，在降落后写作。他的名著《小王子》，居然是在迫降利比亚沙漠之后，得到灵感写成的。

灵感这种东西很妙，你坐在那儿苦想，往往等不到。反而出去走走、找朋友聊聊，甚至游个泳、打个球之后，自然就飞起来了。也可以说，灵感跟运动有着很大的关系。

记得“花鸟画”名家喻仲林老师过世不久，喻师母对我说，喻老师在第一次胃癌手术之后，食量增加，人也胖了，好像一切都恢复正常，只是他不再喜欢作画，说是没灵感。

怎能相信，作品张张具新意，过去有画不完灵感的喻仲林老师，竟找不到灵感。他不是失去灵感，是失去了那带动灵感的体力呀！

不一样的月亮

体力和心灵有一条无形的线相通。心情坏，会影响身体。身体不好，也会影响心情。

少年时看到栏杆，你可能冲向前，一跃而过。

中年时，同样的栏杆在眼前，虽然没有试，却可能不敢再跳。自己知道，八成跳不过。

心怀许多雄图壮志，突然来个重感冒。病虽然要不了命，可是躺在床上，什么兴趣都没了，等到病情好转，那失去的壮志又渐渐恢复。

甚至连一天二十四小时，由于活动力的不同，对同样一件事，也能有不一样的感觉。

睡梦中，有人把你叫醒，说出去玩，你可能说算了！但是第二天想起来，又十分懊悔。

夜难眠，在床上辗转反侧的时候，许多烦心的事，都变得加倍苦恼。

但是第二天起床，梳洗完毕，吃完早餐，走出家门，那烦恼似乎又不再这么难解决了。

有位心理学家说得妙：

“你看地平线上的月亮，跟看头顶的月亮，会觉得不一样大。你躺着想一件事，跟站着想一件事，也会不同。”

每次在消极的时候，我都告诉自己：

“动起来！不要坐在这儿发愁。动起来！问题就能解决了。”

你是否能成为另一个比尔·盖茨

二十多年前，在我的绘画班上，有个很有才气的小男生，因为愈画愈有兴趣，所以立志将来要做艺术家。

有一天，他对他爸爸说：“爸爸，我将来要进美术系……”

啪！话还没说完，他爸爸就赏了他一记耳光：“你要饿死。”

他捂着脸，不服气地说：“人家刘老师，还不是美术系毕业，也没………”

啪！又是一记耳光：“你又不是刘老师！”

小男生不敢多说了，乖乖听从父亲的指示，投考五年制的专科，学电机工程。

如果我当年没有听话

二十年不见，今年春天，突然接到他的电话，于是请他吃中饭。

坐在我对面的，已经不是小男生，而是三十五岁，在美国拥有几百位员工的“大老板”。

“幸亏那时候，你听了你父亲的话，要不然也没有今天。”我说。

他笑笑：“您怎么不说，如果我没听我老爸的话，现在国际画坛上，又多了一位大画家呢？”

他的话使我想起高中时代的自己，当我高考，填志愿的时候，别人都填六七十个，我却只填了三个美术科系和一个国文系。

我的导师跳了起来，说我应该进外交或新闻系，将来才能有成就。

可是我的母亲没说话，只淡淡一笑：“你觉得那是你的志趣就好。”

于是我成了画家，成了美国美术馆的驻馆艺术家，也成了大学教授。更因为画展的丰厚收入，使我敢于尽兴地写作，也成了一个所谓名作家。

我的母亲跟那学生的父亲完全相反，我不是也有成就吗？

同样的强势，不同的结果

最近我看了一部曾得到奥斯卡奖的影片《钢琴师》（*Shine*）。

电影里的主角，生长在一个有着强势父亲的犹太家庭。那父亲爱音乐，也逼自己的独子学钢琴。他一方面希望孩子出头，一方面又唯恐孩子出去寻找自己的世界。所以当儿子执意出国，去伦敦皇家音乐学院之后，他居然不准孩子再进家门一步。

他的儿子成功了，也失败了。虽然得到钢琴大赛的金牌，却因为总挥不去父亲的阴影，终于精神分裂。

看这部由真人实事改编的电影，我有好大的感慨，我不断地想，那位父亲是成功了还是失败了？在父母强势的主导下，有多少天才，不但没能成功，反而因为背负太多的心理重担，而摔得更惨。

但是我也想到站在国际乐坛巅峰的大提琴家马友友，曾说他有个艰苦的童年，被逼着学琴，没能享受快乐的儿童时光。

只是说到最后，他又感谢那段被逼的日子，使他能有今天。

同样是出身音乐家庭，也同样有着强势的父亲，却造成多大的差异！

夏日剧场的史都华

当然也有许多就是不听话，而坚持走自己路的例子。

像是老牌影帝，曾得奥斯卡金像奖的詹姆斯·史都华（James Stewart），当年从普林斯顿大学建筑系毕业。没当建筑师，却去参加一个“夏日剧场”，到处跑码头、演戏。

据说詹姆斯的父亲，气得把鞋子摔到墙上。

可是，詹姆斯成功了，连百科全书上都有他的小传。

半路辍学的比尔·盖茨

更好的例子是美国微软公司创立人比尔·盖茨（Bill Gates），他的父亲是著名律师事务所的合伙人，妈妈是教师。比尔·盖茨从小功课好，十八岁进哈佛大学。

但是，十九岁那年，比尔·盖茨居然自己申请退学，跑去搞电脑。

我常猜想当时他老爸、老妈的反应。最起码如果发生在我儿子身上，我会跳起来。

但是，比尔·盖茨如果当时不那么决定，他可能有“坐拥三百六十四亿美元电脑王国”的今天吗？

你自己才能决定

“我对某科有兴趣，我爸爸偏不准我念。”

“我不想考大学，想去创业，我爸妈就不同意。”

“我只想把英文先念好，自己出国读书，不想在国内继续念下去。可是我妈坚持要我把大学读完。”

“我爱音乐，要跟朋友组个乐团，可是我爸说我要是这样，就脱离父子关系。”

总接到年轻朋友这样的信，问我该怎么办。让我头痛的是——

“既然你说父母不是你，不能为你决定；我也不是你，我又怎么为你决定呢？”

正因如此，我写了这篇文章。

梨与苹果

我们都只有一生，选了这个，很可能就永远失去了那个。如同我的学生所说，他假使选择美术系，今天可能不是成功的大老板，而是伟大的画家。

所以，你永远在选了梨之后，都可以猜如果挑苹果，会更好。也可以在大家都赞美苹果的时候，毫无遗憾地说：“我仍然相信我的选择最正确。”

只是，当那些已经尝过各种水果，有许多人生阅历，又深爱你的人，对你说：“挑苹果吧！不会错的。”

你是该听他的，还是坚持自己、始终无悔？

坚持与无悔

“坚持”与“无悔”，是每个人为自己一生做决定时，应该有的条件。

当你坚持自己的想法，认为自己一定对，而且必能坚持到底的时候，你是不是也该想想，你过去是否凡事都能说到做到？对自己绝不妥协？

抑或，你今晚上床时还夸下海口，明天一定能准时起来。却在几个小时之后，闹钟响了半天，仍然蒙头大睡？

除了“坚持”，你也能“无悔”吗？

你能自己承担一切，不怨天尤人，还是稍有不顺，就把责任往外推？

你说话算不算话？下棋回不回手？你会不会才答应父母一件事，转身就反悔了呢？

当吃角子老虎吐钱的时候

更重要的是你有没有独立？是不是成年了？

如果你处处还在依赖父母，怎能不听他们的话，又岂能自己完全做主？

你必须知道，无论詹姆斯·史都华或比尔·盖茨，都是在成年之后做的主。你也要知道，在赌场里，每当吃角子老虎吐钱出来的时候，上面的灯总是不断闪动；而且每吐一枚钱币，就发出一声铃响。偌大的赌场里，摆了几百架吃角子老虎，所以总有机器在响，使大家以为很容易赢。

岂知道，在同一时间，正有多少钱被默默地吃进机器。

同样的道理，是不是有更多人，因为少年时叛逆，不听父母师长的话，一意孤行，而成了失败者？

失败者多半是不出声的。

没人能阻挡你成功

各位年轻朋友！

对于你该听自己的，还是听父母的，我只能说：“别问我，问你自己！如果你还不能独立、不能坚持、不能无悔，就最好别擅自‘坚持’做你可能‘后悔’的事。”

相反地，如果你认为符合做主的条件，坚信自己能成为另一个比尔·盖茨，谁又能阻挡你呢？

别把自己俭掉了

有一天，我去染发。

理发小姐大概从没见过我带去的那种染发剂，翻来覆去地看包装，又拿出说明书请我翻译。

“你的头发不长，用半瓶就成了！”理发小姐说，“剩半瓶，下次还能用。”

“可是说明书上讲，只要打开来，就得一次用完。”我说。

于是她一边染，一面叫“可惜”，明明用不了，却恨不得把一整瓶倒在我头上。

染完了，瓶子里还剩不少。

“多可惜啊！还这么多。”她举着瓶子说，“我的眉毛不够黑，就用这剩下的染染吧！”说着就自己染了起来，而且唯恐用不完似的，一个劲地往眉毛上刷。说时迟，一道染发剂已经流入她眼睛。

虽然是多年前的事，我至今仍记得她尖叫着，被同事送去医院的画面。

据说，她差点失明。

从此，每回染发，我都想起她。她的眉毛明明够黑了，为什么还要染呢？

她只是舍不得扔掉那剩下的染发剂罢了！

别把自己活埋

人们就是这么妙。当病好了，会伤心昂贵的药没吃完。

明明吃饱了，却心疼还有剩菜，而硬往肚子里撑，甚至说：“宁可坏在肚里，也别坏在锅里。”

问题是，身体已经不再需要，还硬塞，不是另一种浪费吗？不但浪费了食物，也浪费了体力，搞不好，撑出毛病，体重过重、胆固醇太高、胃下垂，不得不去看医生，造成更大的损失。

只是“舍不得扔东西”，已经根深蒂固地成为许多人的习惯，甚至认为这是美德。相反地，“扔东西”则是恶习。大家却没想到，旧的不去，新的怎么来？在这个不断更新的时代，如果你一方面不希望自己落伍，而不断追新；另一方面又什么过时的东西都舍不得扔，日积月累，东西愈堆愈多，岂非要把自己埋起来？

有位朋友，住了一栋两千多万的大房子，里面放着红木的家具和柚木的橱柜。当我去拜访时，他打开前边的衣橱，好不容易才把我的外套“塞进去”，因为里面有太多舍不得扔的旧衣服。

吃完饭，当他拉开厨房的柜子，打算找个垃圾袋时，里面竟然滚出一大堆超级市场的塑料袋。

“你何不买两盒专用的垃圾袋呢？又省空间，又整齐！”

“我有不乱扔东西的美德！”朋友理直气壮地说。

“想想看，你这房子一坪要四十多万，这些高级橱柜，一个也要好几万。你把好几万的柜子，放在一坪四十多万的屋子里，又在其中堆满不值几十块钱的东西，这是节省？还是浪费？”

做了几十年生意，比谁都精的这位朋友，居然因我这几句话而想通了。更妙的是，当他把家里的烂东西扔掉之后，困扰他多年的气喘病也不药而愈。

“假俭”是“真奢”

读古人的《名门家训》，发现文章一开头总是“余幼家贫……”之类的。于是了解，旧时代的贫穷，是人们提倡俭约的背景。只是，当生活富裕了，社会由“节约消费”到“鼓励消费、刺激生产”的时候，我们对于“俭”的定义，是否也该有所改变？

“俭”是“不浪费”，不浪费是使每样东西发挥最大的功能、摆在最恰当的位置。

所以买一套音响或电脑，硬留几个副件不买，使机器的功能无法完全发挥。或今天买一样、明天添一项，没有事先的计划。表面看“能不用就不用”“一步一步来”，似乎是“俭”，实际可能是“奢”。

过去认为分期付款买东西，是没赚先花的“奢”。今天从另一个角度想，当“存足了钱才敢动手”的人，还在因陋就简的时候，那些能一边赚钱，一边消费，提早享用，以改善生活、增加工作效率的人，反而是“俭”。

俭与茧

“俭”不是“茧”，不是把自己封闭起来。那些不追求更好的生活条件，使自己获得更大发挥，而宁愿鄙陋一生的，不能算是真“俭”。因为他不但俭了自己的生活，也俭了自己的生命、俭了自己的成就！

俭与贱

“俭”不是“贱”。买三个月就可能坏掉的廉价品，反不如多花几倍的价钱，买用三年都不出毛病的高级品来得俭。俭省好长一段时间，去买一件精品的人，比从来不敢下手买好东西、从来也不曾拥有好东西的人，更懂得俭的道理。俭是为追求更高的理想，不是留在最低处。

俭与简

“俭”就是“简”。如果买一套完整的餐具，与零零星星添一堆不相配的餐具开支相同，就取前者。东西整齐、协调、赏心悦目，当然比杂乱来得好。

俭与拣

“俭”就是“拣”，拣你需要的，把不需要的留给需要的人。也把自己不再需要，而别人可能需要的东西捐出去，使东西各得其所。许多自认俭约的人，一心想取得，什么都不错过、什么都往家里搬，然后再一毛不拔，连件旧衣服都舍不得捐。这样非但是“不俭”，而且是“不仁”！

勤俭与节俭

最重要的是，我们要“勤俭”，而不只是“节俭”，唯有勤俭能致富，没有节俭致富的。我们要勤于工作、勤于吸取新知、勤于汰旧更新、勤于做全盘的经济规划，再把赚得的钱花在刀刃上，使每一分钱都发挥它的功效，每个功效都带我们登上人生的更高峰！

学会保护自己

什么叫保护自己？

保护自己就是使自己受到的伤害能减到最小。如果坏人要抢你的钱，就把钱给他；要抢你的手表、项链，就自己摘下来给他。

问题是，他如果要强暴你怎么办？

你今年十二岁，是我该跟你谈这事的时候了，相信在学校，老师也跟你们说过了。

这是一个有各种人的世界，有好人、有坏人，好人可能变成坏人，坏人也可能改邪归正。

我们一生可能遇到各种状况，有幸，有不幸；有走运的时候，也有倒霉的一刻。

当你不可避免地遭到不幸，只好逆来顺受。

一开始，就不让它错

当一群人竞争的时候，哪种人能获胜？当然是“错得少的人”！

今天下午我请你帮忙包画册，你居然把沉重的书由地下室抬到二楼，再打开冷气和电视，一边看热门音乐节目，一边蹲在地上包书。

当我很不高兴地指责你，为什么把书运上楼，又采取那么吃力不讨好的姿势包书时，你态度欠佳地说：

“你怎么不想想，我在包过几十本之后，自然会想出比较好的方法？而且我不在乎上下搬，我有体力！”

◎

对于你贪图冷气和电视节目这一点，我不打算多说，却要严正地告诉你：做事之前不计划便匆匆下手，心想可以从错误中摸索的态度，在三十年前或许可行，用到今天却错了！

你或许要说：“从错中学有什么不对？”

那么我要问，为什么不一开始就做对呢？

当一群人竞争的时候，哪种人能获胜？当然是“错得少的人”！这就好比开车，在不赶时间的情况下，你可以说：“慢慢找嘛！错了再掉头，总会碰上的！”但为什么不想想，如果先看好地图，勾出路线，你就不必慢慢找，也就不必掉头。于是省下了时间，可以做些其他的事！

◎

时间！这正是问题的重心。三十年前车子少，你可以掉头。今天处处是单行道，只要你错过一个出口，就要用很长的时间才能回去。而且车子多，你漫无头绪，容易出车祸。你没看见连出租车里都贴着条子，不接受“原地回转”吗？结果这“慢慢找”是既误时又不安全的。

如此说来，为什么要匆匆行动呢？

你今天就犯了这毛病！

在这个一切讲求效率的时代，不先计划就匆匆动手的人，未行动之前，已经注定了失败！不了解敌情就匆匆出兵的人，在未开枪之前，已经注定了战败，而那战败，很可能便是死亡。

我曾在报上读到一条新闻，有个人离奇地死在车子驾驶座上，头则伸向窗外，被电线杆和自己的车身夹得血肉模糊。调查的结果是那人在黑夜倒车，头伸向窗外，想看清后面的路，结果路还没看清，先倒了车。

这不就是匆匆行动造成的惨剧吗？

◎

记住，今天这个时代与三十年前完全不同了！农业时代靠口传心授知识和勤奋练习得到技术。但是现在科技、通信发达，你就算没有全部认识，也可以获得足够的资讯；即便毫无技术，也有适当的机械供你使用。所以人们可以在完全不摸索的情况下就找到捷径，获得成功。

换句话说，那等着从错误中摸索的人，则必然要面临落后和失败的命运！

◎

请不要说你现在还小，所以要跟着大人慢慢学。因为十八岁已经不小了，今天这世界上许多年轻人二十岁不到便崭露头角，丝毫不让成人专美于前。他们有风格、有魄力、有经验！

哪里得来的经验？

书本上！电脑中！自己的分析实证！

现在的科技能用电脑模拟核试验，能在室内制造浪潮和强风，能在模拟飞行器里训练飞行员，能在电脑上演奏交响乐！

那些年轻人正因为知道使用科学辅助，加上没有过去工作的包袱，敢于让自己的想象力驰骋，所以能有惊人的成就！

“英雄出少年”，这句话说了千百年，今天却比过去任何时候都正确！我们甚至可以说：少年不成英雄，后面的路将更难走！如同一大群人赛跑，如果你不能一开始就冲到前面，只怕因为前面挤满了人，即使你跑得快，也无法发挥！

◎

现在回到本题！你知道我们中国台北的一个工人一天能包多少本这样的书吗？

四百本！而你呢？七本书竟包了半个小时！

为什么有这样大的差异？

因为他们运用桌面和墙壁顶着纸盒，不让它滑动，再准确地贴上胶条。在工作之前，先研究了方法，所以能有最高的效率！

“从错误中摸索”，这句话已经过时！今天我们要说：

“用思想！用方法！用工具！从一开始，就不让它错！”

当习惯成了自然

今天真是好险，妈妈和爸爸下午出去的时候，差点出车祸。

那时，妈妈由咱们家的车道开进大马路，她只顾左转，没想到右边正有辆计程车快速开过来。幸亏爸爸看到了，及时提醒妈妈踩刹车，那白色的计程车才擦身而过。

◎

愈是在习惯的地方，愈容易疏忽。这种在自家门前出车祸的事，我真是见多了——

二十五年前，我才来美国，住在弗吉尼亚州一个教授家里，有一天朋友来访，决定一起出去看电影。岂知才出门，教授的车就拦腰撞上了来访朋友的车，原因是他只顾习惯性地倒车，却忘了朋友的车正停在车道上。

还有个车祸是听为我们装修的小李叔叔讲的。他说有一家人翻修浴室，特别请他申请了一个装垃圾的车斗。车斗到的第二天早上，那家主人照例开车上班，才倒车出去，就狠狠撞上了车斗，把车屁股都撞烂了。

小李叔叔还说，到人家里做工最要小心了，绝对不能蹲在车房外面和院子转弯的地方工作，因为每家人都习惯倒车出车库和从外面开车转进自己的院子。这条路屋主闭着眼睛都能开，所以当他突然看到工人的时候，常常已经撞上了。他还说，有好几个搞装修的朋友都因为没注意而受了伤。

◎

我们常说“习惯成自然”，许多做过千百次的动作，都会成为习惯动作。

举个例子，如果你每天进房间，都伸手到墙上拨电灯开关，有一天你回家，打开门，灯虽然是亮的，你还是会伸手往墙上摸，对不对？

但是你也要知道，习惯动作也常使你忘记用脑而铸成大错。譬如有一天，你开门，嗅到屋子里有浓浓的瓦斯味，明明知道开灯可能引爆瓦斯，但是想到时，手却可能已经拨了开关。

◎

这也是我为什么每次到学校接你，带你走过草坪、穿越停车场的时候，都叮嘱你，要看清楚左右，确定没有来车的时候再走。

因为很少有人走学校的侧门，也很少有人从草坪那边走上车道，那些开车的人已经习惯每天快速地倒车开车。他们急着去接子女，你又急着回家，这些急切的心和习惯的动作反而成为最危险的事。

◎

最后让我说两个报上刊登的真实故事给你听吧——

有个年轻妈妈带着新生的娃娃去超级市场。

买完东西，她先把放娃娃的篮子搁在车顶上，再把买好的东西放进后车厢，然后开车回家。

车子直接上了高速公路，突然四周的车子都对她按喇叭，她先是觉得奇怪，看四周门都关得好好的，大家为什么急成那样？接着，才想到她带了娃娃出门，娃娃在哪里？

天哪！娃娃还在车顶上，所幸路上平稳，那装娃娃的竹篮子居然没掉下来。

◎

另一个家庭就没那么幸运了——

有个十三四岁的男生，每天下午做完功课都跟同学出去打网球。

网球场远，由同学的爸爸开车，每次都是车到门口，再用手机打电话叫他出去。

这一天，他妈妈正给他的小弟弟洗澡，突然有电话来，他去接，是妈妈的，就叫妈妈。

妈妈说小弟弟在浴缸里，你帮我看一下，于是出去接电话。他才要进浴室，却听见敲门声，是来接他打球的同学，因为电话打不进来而在外面叫他。

他就像往常一样拿起球拍和球袋出门。

岂知当他打完球，回到家，家里空无一人，邻居过来说他妈妈送他弟弟去了医院。

这时候，他才想起，妈妈不是叫他看弟弟吗？

他怎么都没想到，就在妈妈接电话、他离开家的那么一点时间里，他年幼的弟弟已经淹死在浴缸里了。

◎

你想想，上面两个意外都是怎么造成的？

都是因为习惯啊！

去超级市场的妈妈，太习惯买完东西往车厢一放就开车回家的动作，小男孩又习惯每天听到召唤就拿起球具跳上车的动作，他们却都忘了“那天不一样”！

孩子！你十四岁了，也就累积了十四年的习惯动作，你的功课愈来愈多、心事愈来愈多，也就更容易分神。这也是我由今天下午的惊恐中发现，不能不叮嘱自己，也叮嘱你“愈在熟悉的地方，愈要谨慎”的原因。

把仇人变成贵人

这世间最好的“报复”，就是用不平之气激发自己的潜能，迈向成功，然后用成功和“成功之后的胸怀”，对待你当年的敌人，而且把敌人变成朋友。

相信许多人都爱看武侠小说，我少年的时候，也迷得不得了，常把小说藏在床底下，母亲一出门，我就掏出来看。武侠小说里似乎多半都有报仇的故事。主角常常是身负血海深仇的孩子，先是在被仇家灭门的时候，保住一条小命，再获得武林秘籍，又阴错阳差地遇到千年才成熟一次的灵芝仙果，再不然就是遇到武林奇人，为他打通任、督二脉，于是由一个文弱少年，突然变为天下第一高手，直捣仇家的巢穴，讨回灭门的血债。

我那时候不但看武侠小说，照着书里形容的招式比画，买《易筋经》之类的书照着练，还背武侠小说里的对白，其中我觉得最“酷”的句子是“此仇不报非君子”。而且自从学了那句话，在学校里动不动就用。别人比赛赢了我，我说“此仇不报非君子”；打球的时候被同学扯破了衣服，我也说“此仇不报非君子”。好像学了这么一句很“酷”的话，没有仇也要找点仇来报才过瘾。

当然青春期的孩子，喜欢争强斗胜也是原因。常有小太保因为别人看他一眼，心里不爽，就过去捅人一刀，还有不少学生参加帮派，集体械斗。那种“斗”似乎是没完没了的，今天你多打我一下，明天我非还你一下不可；明天你人多些，我吞下一口气，后天就一定要聚众讨回公道。真合了美国西部的那句俗语——“枪声总有两响”。今天你开一枪，人家倒下了，没能回你一枪，改天总有人要来“补那一枪”。

高中的时候，我有个同学被别班的人修理了。他很瘦弱，连帮派的人都不要他，他气不过，告诉他爸爸，他爸爸居然骂：“谁让你不打回去？”然后送他去学跆拳道。他先到外面拜师，又加入了学校的跆拳道社，每天中午还在走廊上摆个装满铁砂的布袋，练“铁砂掌”，我到今天都能记得他左一掌右一掌，手心一掌，手背一掌，“啪啪啪”的声音在学校大楼间回荡。他后来居然练到一巴掌就能把桌角打掉。有同学特别把椅子上的木条拆下来，架在两张桌子之间，要他劈，他能把粗粗的木条劈断，手却一点儿没事。更棒的是，他还得了校外比赛的大奖，成为校际的风云人物。

那欺侮过他的人当然紧张得要死。可是，我这同学明明有力量可以“讨回公道”，他却不动了。先说“练跆拳道只能防身，不能用来打人，这是跆拳道馆的规定”，又说“何必呢？赢了也不光荣”。又过一阵，当同学提到他当年练功夫是为报复的时候，他居然笑笑说："我还真该谢谢那个人，要是没他，我也不会有今天的成绩！"他不但没报复，还和那个人成为好朋友。

我自己也有这样的经验。大学刚毕业的时候，台湾的一个电视公司请我去主持特别节目，那节目的制作人知道我文笔不错，还要我兼编剧。可是当节目做完，领酬劳的时候，他不但没给我编剧费，还扣我一半的主持费，他把收据交给我说："你签收一千六，但我只能给你八百，因为节目透支了。"我当时没吭声，照签了，心想"君子报仇，十年不晚"。后来那导播又找我，我还"照样"帮他做了几次。最后一次，他没扣我钱，变得对我非常客气，因为那时我被公司老板看上，一下子进入新闻部，做黄金档的新闻主播和新闻评论节目的制作主持人。我们后来常在公司遇到，他每次笑得都有点尴尬。我曾经想去告他一状，可是正如高中那位同学所说，没有他，我能有今天吗？如果我当初不忍下一口气，又能继续获得主持的机会，并且被总经理看上吗？说实话，机会是他给的，他是我的贵人，我怎能忘恩负义呢？

后来我到美国求学，有一天，一位已经就业的同学对我抱怨他的美国老板"吃"他，不但给他很少的薪水，而且故意拖延他的绿卡（美国居留权）申请。我当时对他说："这么坏的老板，不做也罢。但你岂能白干这么久，总要多学一点再跳槽，所以你要偷偷学。"他听了我的话，不但每天加班，留下来背英文商业文书的写法，甚至连怎么修理复印机都跟在工人旁边写笔记，以便有一天自己出去创业，能够省点修理费。隔了半年，我问他是不是打算跳槽了，他居然一笑说："不用了！我的老板现在对我刮目相看，又升官，又加薪，而且绿卡马上下来，老板还问我为什么做事态度一百八十度转变，变得那么积极呢！”他心里的不平不见了，他进行了“报复”，只是换了一种方法，而且他后来自我检讨，当年老板对他不好，是因为他做事不够积极。

大概二十年前吧，我又遇到个有意思的事。一位老朋友突然猛学算命，由生辰八字、紫微斗数、姓名学到占星术，没一样不研究。他学算命，竟然不是觉得算命灵验，而是想证明算命是骗人的东西。原因是有一位命理大师为他算命，算他活不过四十七岁。他发誓，非砸烂那大师的招牌不可。

你猜后来怎么样？他愈学愈怕，因为他发现自己算自己，也确实活不长。这时候，他改了，跑去做慈善，说：“反正活不久了，好好运用剩下的岁月，做点有意义的事。”他很积极地投入，人人都说他变了，由一个焦躁势利的小人变成敦厚慈爱的君子。不知不觉，他过了四十七，过了四十八，而今已经近六十，红光满面、生气勃勃，比谁都活得健康。

我有一天开玩笑地对他说：“你可以去砸那大师的招牌了！”他眼睛一亮，回问我：“为什么？要不是那人警告我，照我以前的个性，确实四十七岁非犯心脏病不可，他没有不准哪！”

各位朋友，尤其是年轻朋友，你喜欢逞强斗狠吗？你总是心有不平吗？你有“此仇不报非君子”的愤恨吗？请想想我说的这几个故事。你要知道，敌人、仇人都可以激发你的潜能，反而成为你的贵人。你也要知道，许多仇、怨、不平，其实问题都出在你自己身上。你更要知道，这世间最好的“报复”，就是用那不平之气激发自己的潜能，迈向成功，然后用那成功和“成功之后的胸怀”，对待你当年的敌人，而且把敌人变成朋友。

当“冤冤相报何时了”的双输，能成为“相逢一笑泯恩仇”的双赢，不是人生最大的成功吗？

幽人生一默

我不知我是否感染了肠道病毒，上吐下泻，折腾了一个星期才好。正巧有位朋友打电话来，就跟她诉苦。

“多幸福啊！”她非但不同情，还笑着问，“你一定瘦了，对不对？”

“对！掉了一公斤。”我说。

“太羡慕你了！我上健身房、吃减肥餐，一个月才瘦零点五公斤，你这一下子轻轻松松就瘦了一公斤，多幸福啊！”

挂上电话，我原本不太高兴，但是想想不久前她骑脚踏车摔跤，撞断一排门牙，我不是也“幸灾乐祸”吗？说她早就嫌门牙不整齐，这下旧的不去，新的不来，正好换上一副漂亮的假牙。那阵子她还四处龇着牙，得意地献宝呢。“不看开又怎样？已经断了，还接得回去吗？”

◎

我的剪发师傅功力更高——

她的儿子遭遇车祸，进医院接受断层扫描，发现了脑瘤，立刻动手术把它切除了。

“多走运啊！不撞车不会发现，而且手术费都免了，全由保险公司埋单。”她一边给我剪头发，一边得意地说。

据说她去医院探视，看见儿子沿着前额发际线有一圈刀疤，她还叫好：“哇！缝得这么整齐，好像画了个大大的M，可以做麦当劳的广告了。”又说，“可惜可惜，要是换成我遇上车祸该多好，正好借机会拉皮！”

◎

看《联合报》的“缤纷”版，一个名叫小凡子的护士写道：

有一天，急诊室推进一个遭遇车祸的老先生，开放性骨折，血流了一地。因为要输血，护士给他抽血化验。

老先生居然苦笑着道：“血已经没剩下多少了，地上一摊，就用地上的吧！”

这让我想起从古书上读到的一个笑话：

土匪屠村，全村人只留下一个矮子。

原来，当土匪要砍他的时候，矮子哭着说：“我已经够矮了，砍了头，不是更矮了吗？”

土匪居然笑作一团，不杀他了。

遭遇车祸的老先生和这个矮子在死亡的边缘还能如此幽默，这是何等的“修为”啊！

◎

我的一名高中老同学也是如此，他女儿出生时是兔唇，他痛苦了一阵，心想，再生一个吧！

但是儿子出生后又是兔唇。我的老同学一边伤心，一边为难，不知怎么告诉太太。犹豫再三，他还是把孩子抱到床边，说：“可惜，又是兔唇。”

他太太非但没哭，居然还笑了，说：“多好啊！这样女儿就不会说我们偏心，只把她生成兔唇了。”

我的老同学则说：“是啊！我们有了照顾女儿、为女儿整形的经验，这兔唇的儿子能在咱家多好哇！”

◎

年轻时不懂什么叫“幽默”，以为幽默就是说笑话，要生冷不忌、大腥大辣，逗得大家狂笑。直到年岁渐长，经历了许多灾祸，留下了许多伤疤，才渐渐了解，幽默是“知天命”，晓得自己这一辈子能拥有的和不可能拥有的；幽默也是“耳顺”，好话坏话，爱听不爱听的，都能逆来顺受。

少年时爱读辛弃疾的“少年不识愁滋味，爱上层楼。爱上层楼，为赋新词强说愁”。

现在还爱那首词，只是更欣赏后面四句：“而今识尽愁滋味，欲说还休。欲说还休，却道天凉好个秋。”

据说这是辛弃疾在遭遇弹劾和丧子之痛后写下的。淡淡的，非但没有悲，好像还带几分喜。

我眼前浮现出一个词人的画面。有人问他经历了这么多打击，而今是不是总算体会了人生的愁苦。词人没回答，只是把头转向窗外，淡淡地说：“天凉了，这秋天多美啊！”

幽幽的，不明说；默默的，不多说。人生多少悲愁都从正面看，认了，接了，不强求，不怨怼，甚至当作身外事，尽付笑谈中。

早知无计留春住，笑拈残红葬落花。人生如此无奈，何不幽他一默！

不焦躁，不回头

如果你注意观察，就会发现强势的生物都出奇地冷静。

今天我看美国网球公开赛的时候，你过来瞄了几眼，说：“奇怪，这个戴芬波特为什么没表情？她赢球没露出特别高兴的样子，失分好像也不在乎。”

当时我笑笑，对你说：“就因为她没得失心，所以能成为世界顶尖高手。”

不过，话说回来，她真没得失心吗？

只怕得失心一点儿也不少，否则她不会四处征战多年。只是当她比赛时，必须把心态放平，如果总为上一个球没打好而懊恼，恐怕下一个球也得失利。

我发现很多顶尖高手在场上都这样。

曾经在网坛叱咤风云的“山大王”桑普拉斯就这样，即使发出漂亮的“爱司球”，脸上也了无喜色。

还有老虎·伍兹，我记得他在2000年圆石滩职业/业余配对赛时，到最后一天早上还落后七杆，下午居然反以两杆赢得冠军。接受采访时他对记者说：“我完全没有感受到什么戏剧性，因为当时只专心比赛，我关心的只有怎么打好下一杆。”

◎

比赛到最后常常比的是“心理”，谁能承受较大的压力，发挥原有的水准，谁就能获胜。

对！只要发挥原有的水准。

因为比赛时容易失常，能保持原来的水平就已经不错了。你看世界溜冰大赛，选手练习的时候，是不是个个神勇，连名不见经传的都能连着三转跳。但是到了正式比赛，面对满场观众和电视转播，却又一个接一个摔跤。关颖珊不是有一阵子都猛摔，最后找了心理医生，才克服了障碍吗？

◎

除了在场上要冷静，比赛前的冷静也是重要的。

你记不记得今年年初我们在北京时，有人在席间谈到中国太空人杨利伟。说上太空的前一晚，有人偷偷到他房门外听，里面传出呼呼大睡的鼾声。第二天，太空船穿出大气层，那最危险的时候，杨利伟的心率居然也不过每分钟七十几下。

最近我在报上看到郝柏村的儿子郝龙斌回忆，当年他父亲辞掉台湾地区行政主管部门相关职务的那天夜里，也是酣睡如常。

◎

如果你注意观察，就会发现强势的生物都出奇地冷静。像是你养的螳螂，有一次我们让它在高高的喇叭箱上爬，不小心摔落到地板上，发出“咔”的一声，你以为它摔伤了，拿起来不是若无其事吗？

还有，前几天我在湖边“钓鱼台”上拍到一只老鹰，大家都称奇，说我怎能拍得那么清楚。其实我是近距离摄影。当我靠近时，那老鹰居然十分镇定地看着我，连我用闪光灯都不怕，甚至朝我走了好几步，找到最恰当的位置，才起飞。

我们可以说，因为它们“艺高胆大”，所以能“临危不乱”；也可以讲，在物竞天择的过程中，因为它们处变不惊，所以能战胜对手，成为昆虫和鸟类中的强者。

◎

前面我讲的都是情绪的镇定。除此之外，你要知道“身体”的安静也是重要的。

想想，如果一张弓总被拉满，即使不用时也用东西撑开，它能有力量吗？

当然没有！它平常必须放松，平平的，到张弓射箭的时候，才能表现最佳的弹性。

所以好的选手，无论他是运动员，或作文、演讲比赛的高手，在他比赛之前，甚至前一阵，都会特意让身体休息。只有在练习或真正比赛时，才使出全力。

◎

我最近看体育新闻报道，说休斯敦火箭队的教练范甘迪对姚明提出建议，要他学会分清楚轻重缓急，不管什么事，只要影响到他打球，都应该说“不”。

范甘迪为什么这么建议？

我猜八成是因为姚明处世圆融，处处怕得罪人，不好意思说“不”。

问题是，当他不知道说“No”的时候，属于自己的时间和空间就减少了；当他有一天失败，只怕最先对他说“No”的却是那些当初要他说“Yes”的人。

◎

中国人常说“静如处子，动若脱兔”，我发现许多人冲力惊人都因为从不浪费体力，有些人甚至在动、静之间判若两人。

我以前有个学画的女学生就如此，她上课时羞羞怯怯，好像连有问题都不敢开口，但她居然是个有名的演艺天才。有一次，我看到她在台上又唱又跳，简直不敢相信自己的眼睛。

其实大明星都这样，早年我当电视记者的时候，有一回去韩国釜山的亚洲影展进行采访。在后台，只见那些演员一个个静静地坐着，一点儿都不出色，但是轮到出场，就摇身一变，神采飞扬。

我后来常想，那些明星之所以在台上能魅力四射，都因为私底下尽量收敛自己，积蓄发光发热的能量。他们的“动若脱兔”，来自“静如处子”；他们的“一鸣惊人”，来自“不鸣则已”。

◎

孩子！未来你会面对许多大的考试、大的比赛。希望你能记住我说的这番话。在竞争前保留体力、保持宁静；当别人叫阵时，不焦躁；在别人获得掌声时，不浮躁；当前一刻失利时，不回头！

希望你能静中取动、败中求胜，不忧不惧地坚持到最后一刻。

百年之后

“前几天，半夜三更，隔壁来了辆救护车。”才回到纽约家门，妻就对我说，“那老先生可能活不了多久了！”接着，不解地摇摇头，“问题是，今天早上又看见老太婆扶着他上车，还是由病歪歪的老先生开车，半天之后，看他们运回一车子的花，下午已经种进院子了。”

他们的院子很美，即使隔着浓密的树丛，也能看见鲜丽的花影，从那一侧闪现出来。花都是老太婆种的，她有过人的精力，终日提着工具在院子里走来走去，或是大声喊她的猫、狗和缩在阳台一角的丈夫。

我穿过树丛，跟她打招呼，也对老先生挥挥手。

“不久了！”她低声对我说，“他已经准备离开我了！”

“怎么会呢？听说他还能开车。”

“他坚持为我开车出去，却很可能会死在车上，我随时都在想，如果他一下子倒了，我该怎么把车子停下来。”她叹了口气，“唉！

早该学开车，到他生病，已经晚了！”

“要不了多少时间学啊！”我说。

“可是不行，因为当他发现我学车，就会想，我在为他死之后做准备了，他还不知道自己病得有多重！”

◎

四月初，去“三军总医院”看一位老人家。

病床是空的，护士指指走廊尽头说：“到那边找找，她常喜欢让人推到窗前，往她家的方向看。”

逆光，一个白发瑟缩的老人，对着窗外。走近，几乎不认识了。不过几个月未见，肺癌细胞已经蔓延到头部。面孔浮肿，据说只剩一两个星期的寿命。

她拉着我的手，大热天，偎着毛毯，手却出奇地冰冷。

身后推轮椅的亲戚对我比手势，意思是别告诉她病情有多严重，接着拍拍老人：“过两天就回家整理先生留下的东西！”

老人的丈夫也才过世不久，留下惊人的财产和数不尽的艺术收藏，以及……以及许许多多的问号。

他，没留下什么遗嘱；她，也没留下。

或许他们都有太多的话要留，只是没想到，死，竟来得这么快！

◎

到山上扫墓，我干姐姐的祭日，转眼她已经离开两年了。未久不见，山坡上又添了许多新坟，问问价钱，竟比干姐死时涨了将近一倍。

“如果您要，我可以便宜不少，比这些新坟都便宜。”墓园负责人说。

“为什么？”

“他们死了才急着买，葬仪社介绍，要赚去一票。”他突然笑了起来，“自己站着来看，总比躺平了，由家人来看，应该便宜些，对不对？何况，急着盖的墓，下雨也得赶工，好不了，不如活着做个‘寿墓’，为老婆、孩子省点事！”

我熬夜画了设计图，临出国签约买了块地。

不做穴，只左右种花，中间用花岗石砌起一座骨灰塔，里面分三层，后壁有门。人死，火化后，打开门放进去就成了。

“一家三辈都够用！”打电话告诉朋友，“人死，已经让家人慌乱，搞不好，埋在了异乡。说英语说了几十年，死了之后还得说，我不干！”

“墓地在哪儿？”朋友问，“我也订一块！”

◎

人都怕死，但不见得都怕谈死。

“昔日戏言身后事，今朝都到眼前来。”年少时谈死，说得轻松，常作戏言。年老时谈死，就有强盗入村打劫，远远听见邻居门被撞破，眼看要杀入自己家中的恐惧。

所以，常见保险掮客找年轻夫妇谈，左一声“若不幸身故”，右一声“如果人死了”。也总听美国的中年朋友找律师立遗嘱，合法减少遗产税。却难得见到那垂死，却未立遗嘱的老人，有些积极的行动。

他自己避着想，别人也避不谈。

只是要来的终归要来，人若死后有知，怕就因为留下许多憾事，而不能“平安往生”、游魂下去呢！

趁着年轻、健康，天不怕、地不怕，让我们计划计划自己的百年之后吧！

迎向开阔的人生

我带着六岁的女儿，去纽约自然历史博物馆参观。

还没到，就发现博物馆有特别的节目，门口高高挂了两道大布条，写着好大好大的英文字——“Expedition”（远征）。

一进门，就有人走过来，送给我女儿一个本子：

“小妹妹！要不要参加远征？这小本子里介绍了我们的博物馆，从古到今，从美洲到非洲、亚洲都有。你只要把每个部门都看了，而且请每个部门的人为你在小本子里盖个章，拿回我们这里，你就可以得到远征成功的奖赏——一本填色书。”

于是，我们开始一关一关地跑。我已经走得很快，小丫头还嫌慢，在人群里钻来钻去找“盖章的地方”。

终于，在跑完四层楼，几十个展示厅之后，五个章盖满了，远征成功！她得到了填色书。

然后，我们回家。

坐在车子里，小丫头已经迫不及待地翻阅她的奖品，连我叫她回头看曼哈顿美丽的夜景，她都没反应。只是，我再想想，今天一下午她又对博物馆哪样东西有反应了呢？包括我和妻在内，我们都好像不曾细细看过任何一样展品，心里只想着一件事——快找到盖章的地方。

我相信博物馆安排这样的节目，一定有他们的美意。可是，他们的美意会不会产生了反效果？过去每次带女儿到那儿，我们慢慢逛、慢慢看，可以在中美洲馆一个陶制的玩具前面，读博物馆的说明，知道那轮子或许传自中国；也可以在亚洲馆，细细看中国人的族谱，一边教小丫头认中文，一边分析给她听。

可是，今天，我们除了腰酸腿痛和得到那本填色书，真是连博物馆的橱窗都不曾好好看过。

为什么？因为我们失去求知的欲望，只想到“现实”的目标。

◎

这使我想起有一次回台湾，朋友开车带我去阿里山，匆匆忙忙地，在高速公路上一路超车。冲上山顶，住进旅馆，第二天天不亮就动身，跑到观日出的地方。偏偏当天下雨，又有雾，非但没见到日出，连远山都看不清。于是，他又带我冲回台北。

“上阿里山，就是为看日出。”他说，“没见到，真扫兴！”

我真不了解，他心里为什么只有那一个目标。其实一路的风景，甚至山上凉凉的空气和路边的小草、山头的早樱，不都很美吗？

这也使我想起名教育家夏丏尊先生批评传统文化的一段话。他说，中国人常讲“娶妻生子”“养儿防老”“行善福报”“升官发财”，似乎娶妻就为生子，养儿就为防老，行善就为福报，升官就为发财。

我则要继续探讨地说：“‘升官发财’前面是什么？是‘读书做官’和‘十年寒窗无人问，一举成名天下知’。”

这两句话，我们从小就说，父母、师长也总拿它们来训诲我们、安慰我们，告诉我们：“好好读，拼命念，今天少睡、少玩、少想，牺牲一点没关系！只要考上了理想的学校，就随你睡、随你玩、随你想了！”

我们似乎从来不曾怀疑这句话。但是今天，我要说：

这句话害了中国！

中国文化之所以缺乏生机勃发的力量，就是因为年轻人最具创意的那十年，都被无人问的寒窗埋藏了。当你终于“一举成名”，你可能背熟了圣人诗书，也可能下笔万言，你所有的技巧都成熟了，却永远失去那段青春的创意。

我常盯着我十六岁画的《少女像》，心想：“太好了！太感人了！我今天技巧虽然好，却再也画不出来了。因为，我失去了那份激情。”

谁能说年轻人的创作青涩、不足取？青涩有青涩的价值、有青涩的美呀！

记得有一天，我去看红木家具展，试着坐坐太师椅，觉得好舒服，因为那椅子虽然硬，却正适合我这种患坐骨神经痛的人。

我买了两把回家，常坐在上面看书。可是，有时儿子跟我聊天，我叫他坐，他宁愿坐在地毯上，也不坐太师椅。

“那是老人家的东西，太硬、太难受！”他说。

我突然一惊，想到旧时代的厅堂里，全用这种老人家的东西。难道那时的年轻人跟现在不同，小小年岁就爱坐太师椅？还是因为整个中国旧社会，都以中老年人为主角，一方面忽视了年轻人，一方面强迫下一代接受“中老年的文化”，用中老年人的价值观看这个世界？

我们的文化真是太老大了。即使到今天，在这个天涯咫尺、资讯爆炸的时代，仍然甩不掉古老的包袱。

明明可以电脑自动驾驶的，我们要用手操作，甚至跟电脑起冲突；明明可以一板一眼依法执行的，我们要讲人情；明明眼前有无数条路可以让我们走，我们偏偏告诉自己：“只有一条路。考不上，一生就完了！”

我们把科举的遗毒带到今天！

更可怕的是，我们把读书做官、升官发财这“思想的单行道”，也带到今天的社会。

人们常说：“社会病了！”病在哪里？

我要说：“病在文化！”

当我们让每个人从孩提时代，心里就只有一条单行道可走时，他们长大之后，怎能不功利？怎么听得进新观念？又怎能敞开心胸接纳不同的人种与文化，成为一个“世界人”？

记得少年时，有一次去爬山。夜里，住在山头。大家躺着，看天上的星星。

没了空气污染和灯火的干扰，星星好亮、好干净，好像从四面拥来，把我围在其中。有人感叹地说：“多宽广的天地啊！好像拥有了整个宇宙，上面是无边的天空，下面是一整个地球。”

三十年来，我常想起那一夜，好怀念那种感觉。可是，有一天，我改了。走在街上，我会抬起头，看看天，那虽然可能是高楼夹起的小小一块，但我知道，在楼后面有更大更大的天。然后，我踏踏脚下的地，好实在！那是什么？那不仅是路，更是地球！一整个圆圆的地球，都在我的脚下。

我常对年轻朋友说：

为什么一条路不通，你就觉得走投无路？

抬头看看，天多么大！低头看看，地多么实在！在心里面画个地球，想象你正站在上面，飘浮在无边的宇宙之中。

你会觉得每个人都好亲近，大家都是这地球上的人。你会觉得这世界好大，只要你愿意，你可以到各处去。

愿每个人都能脱离心灵的囚笼。

愿每个人都能走出心中的单行道。

愿每位年轻朋友，年轻时就发光、发热！

愿大家都能迎向开阔的人生！

第三章

这世界公平吗

对那些不公平，你或是强力去抗争，如同美国黑人争民权一样，用上百年去争取；再不然你就要把那愤怒化成力量，在未来有更杰出的成就，以那成功作为“实力的证明”，也用那成功对你的敌人做出反击。

人性黑匣子

午夜，深山的小村落早已沉入了睡眠。突然一声震天的巨响，把每个人惊醒。

不是雷声，因为外面正是皎洁的星空；也不可能是炮声，因为这里贫穷得没有力气打仗。

但是山头那边竟蹿起一片火光，受惊的乌鸦发出“啊啊”的叫声，村子里的狗也吠成一团。

村民们举着火把、拿着斧头，小心翼翼地朝山头前进。队伍中有人发出惊叫，因为树梢的露水滴在脸上，咸咸的，用火把一照，是鲜血！

一个庞然大物断成几截，正在火中燃烧。到处都是断胳臂、残腿，甚至一块块的肉，挂在树梢。

突然听见有人哀号，一个穿金戴银的贵妇正在飞机残骸间挣扎，才被拖出来，就断了气。

其他的乘客，不是被烧焦，就是被炸碎，没有一个生还。但是村民们不死心，他们争先恐后地搜索，检查每一小片残骸，并不时发出惊叹……

城市里的救援人员到了，立刻封锁现场，把继续在树丛间搜索的村民赶走。

遇难者的家属也赶来，坐在不能辨认的尸体间哭泣。

“既然命运相同，又分不出谁是谁，就葬在一块儿吧！”家属决定将碎成片片的尸体放在一起焚化，一起哀悼。

并且他们到村子里喊话：“如果有人看见没有用的照片、记事本和证件，请丢进这个塑胶袋。”举着袋子的家属哭泣着说，“我们会非常感激！”

航空公司也来了代表，愿出高价给收藏到飞机黑匣子的人。

慈悲的死刑

“看看，有多少愤怒的民众，要置你于死地！”警察局长探身窗外，又回头对站在桌前的犯人说，“你这是第几次逃狱了？你有本事逃，为什么没本事做个好人？逃出去又杀人，你就仗着本州没有死刑？”

犯人倨傲不答，居然还哼哼地笑了起来，连站在旁边的警官，都忍不住地想上去给他几拳。

“你也不要激动，陪我下去安抚一下群众！”局长拦住已经举起拳头的警官，并强力把部属拖出门去，“这家伙距死期不远了！”

他们从十楼坐电梯下去，把愤怒的民众请到大厅。

“你们到底是保护好人，还是保护坏人？”受害人家属冲到局长面前，指着鼻子骂，“已有多少无辜的女孩被他害死了！把他放出来，让我们打死，法律不处他死刑，我们来处死他！”

“这样你们不是也犯杀人罪了吗？”

“我们愿意！”愤怒的吼声，震得老旧大厅的玻璃窗都嗡嗡作响。

突然外面传来一声惨叫，伴随着叮叮当当的金属撞击声。有警员跑进来报告：

“那家伙由局长办公室的窗外想攀着水管逃走，结果管子断了，摔得脑袋开花！”

“我说吧！他距死期不远了！”局长拍拍陪他下来的警官，“不过我窗外那条排水管，也早该修了！前几天已经发现九楼那边有松脱的现象！”

扮老母鸡的大男人

在办公室里，你可以得罪忙人，因为忙人没有时间跟你计较；你可千万别得罪闲人，因为闲人有的是时间跟你周旋；你更千万别瞧不起职位低的人物。

外调到一个落后的地方，老丁本来很不高兴，但是半年下来，就开心了，尤其是丁太太，更是如鱼得水，过得比在台湾还舒服。

当然舒服了！在台湾请一个菲佣，已经负担沉重。现在不仅请一个用人，而且一个介绍一个，一共有了四个，开支还不到台湾的一半。

年岁最大的玛莉负责烧饭，玛莉的大妹南西帮着姐姐买菜，还负责洗衣和打扫；玛莉的二妹，今年才十八岁的露露，像个大孩子，也爱小孩，就专门照顾老丁的小女儿珊珊。

最后来的，玛莉的丈夫阿壮，则负责坐在餐厅。

对！坐在餐厅。每天一早，从珊珊起床，阿壮就往餐厅的椅子上一坐，只要珊珊跑进餐厅，阿壮就把两只手臂伸得长长的，挡着小丫头；小丫头走了，阿壮又照旧坐在那儿。

◎

“玛莉的老公成天坐在那儿干什么？”有一天，老丁问丁太太，“我每次都看见他坐在餐厅里，他是等摆碗筷，还是等着吃饭？”

“他说他是坐在那儿保护珊珊。”丁太太耸耸肩，“说咱们家的餐桌，桌角太尖，椅子背上又有两个凸出的东西，珊珊跑来跑去，容易受伤，所以他整天守在那儿，专门挡珊珊。”

“去他的！珊珊快两岁了，又有露露管，敢情还不会走路，要他看？”老丁脸一沉，“把阿壮叫来！”

◎

“我不希望养个吃闲饭的，你整天坐在那儿，干什么？”老丁不客气地问阿壮。

“哎呀！哎呀！先生，我是有原因的，我是有原因的，因为怕小孩摔倒哇！”阿壮不断抖动着双手，好像一只大母鸡，“珊珊乱跑，露露常追不上。所以，我保护她，不让她靠近桌子。这个很重要呢！”

“没有必要……”

“有必要的！”阿壮居然打断老丁的话，“我有个朋友的小孩，就因为撞到桌角，死掉了！”

老丁火冒三丈："少胡说八道！"指指门外，"我昨天订了一批花，放在屋里，你以后负责浇花。"

阿壮走了，老丁还生闷气，喃喃地说："真见鬼了，养个大男人，只管浇花，要是让台湾的同事知道，不笑死才怪！"

"唉！反正没多少钱，看在玛莉能烧中国菜的分上嘛！"丁太太拍拍老丁，"而且，花管得好，看了也开心哪！"

◎

问题是，花真管好了吗？十几盆花，从进门，花就掉，虽然掉一朵，阿壮马上会过去捡起来，可是掉完了，他没花捡了，又不开新花。

"我看你是水浇少了。"老丁有一天摸着土说，"有浇啊！有浇啊！"阿壮也伸手摸摸，"是湿的！是湿的！""是干是湿，我会不知道？"老丁一瞪眼。

果然隔天，就见每盆花下面都是水，流了满地，差点让丁太太滑一跤。

丁太太也骂了人。

花盆下面没水了，只见阿壮整天拿着一块抹布，走来走去，隔一会儿，就到花盆底下擦一擦；等一下，又拿喷壶来浇水，然后再擦，再浇。

"你烦不烦哪！"老丁礼拜天看到了，"以后少浇一点就不会流出来了。浇多了水，你再擦，花也会死啊！"

阿壮吓坏了，躲进厨房，坐在玛莉旁边，一句话也不敢吭，好像怕老丁看见似的。

可是第二天，老丁才进办公室，就接到太太的电话，说珊珊撞到餐厅桌角，头撞破了，送进了附近的医院。

老丁立刻赶去，所幸只是擦破皮，没有脑震荡。

第三天，阿壮又出现了，又坐在餐厅的老位子上，好像在前线站岗似的，瞪着一双眼守着。

只是，真奇怪！

从受伤那天开始，珊珊看到阿壮，就露出惊恐的表情。不必阿壮拦，珊珊根本不敢靠近餐厅了。

◎

这个故事，你看懂了吗？

阿壮为什么特地坐在餐厅挡着桌角？

他浇花时，为什么会让水流到外面？为什么又浇又擦？

更关键的是——

珊珊怎么摔的？为什么从那天开始，珊珊看见阿壮就害怕？阿壮不是保护她的人吗？

如果你想不通，就是太不懂人性了。

我不直接解释，先说几个真实故事：

当我十年前买房子的时候，请了一位律师负责签约。这位律师个子不高，声音也不洪亮，甚至说话有些含含糊糊的。

我起先很担心，但因为跟他是旧识，不好意思另找他人。

签约当天，卖方和买方面对面坐着。卖方的律师走进来，吓我一跳，居然是个身高一百九十厘米的巨人。

我的律师坐在他对面，还缩在椅子里，把手臂盘在胸前。

我正担心吃亏，却见我的律师盯着桌上的契约，手依然盘着，只伸了伸食指：

“这里要改……那里要删……那里要加……”

天哪！对面的大巨人好像变成小绵羊似的，一一点头称是地照改。

我佩服极了，事后到处为我的律师宣传：“他是真人不露相啊！”

直到那律师跟我愈来愈熟，有一天来我家吃饭，喝了几杯，拍着我说：

“不要再为我宣传了。你要知道，美国律师故意设计这么一个有许多小毛病的‘约’，大家都心知肚明，哪里该删、该改。”

“何必呢？”我不懂地问。

◎

美国有个棒球界的外野手，他的纪录虽然没多么了不得，但是大大有名，有许多粉丝。

因为，他特别会接高飞球，总是在最惊险的情况下把对方接杀出局。

咻——球飞出去，只见他用手遮着帽檐，眯着眼睛看，向前跑，又向左、向右，再突然把手臂伸直，接连后退、重重地倒在地上。

隔一秒钟，他伸出左手，全场欢声雷动，那球正在手套中。

他退休了，有人访问他，问他接球的秘诀。

“这简单！”他笑笑说，“我明明能一下子就判断落点，最后还是前后左右跑一跑，用最惊险的姿态接到。”又笑笑，“表演嘛！就像摔跤大赛，棒球赛也要演出，才吸引人哪！”

◎

有一天，我暖气的温度计不准了，打开来，发现是因为电池漏液，腐蚀了机件。

电池上印着保证不漏液，否则只要把被损坏的东西寄回，一定负责赔偿。

问题是，正值隆冬，冷得要死，温度计虽然不准，却还能启动暖气，所以我只把电池寄过去，另外附封信，说明损坏的情况。

没想到，才寄出两天，就接到那电池公司的电话，问我是什么机型。

又隔三天，一早，收到个小包裹，居然是个全新的暖气温度计。

“效率太惊人了！太让人佩服了！”我打电话去致谢。

“不要谢我们。”对方居然说，“我们该谢谢你，因为我们的电池太好了，几乎根本不漏液，如果再没个漏液的案子，我们这个服务部门就要被裁，我们就没饭吃了！”

◎

看完这些故事，你搞懂了吧！

人们常说“闲得发慌”“没事找事”“无事生非”。

这几句话讲得真是太对了，一个人没事找事、无事生非，常常没别的原因，只因为“闲得发慌”，怕人觉得他闲、他没用。

他没用，他没地位，他就得滚蛋。你说，他怎能不表现得“不闲”一点，“有用”一点？

◎

以前，我在电视公司当记者的时候，每次同事播报新闻，不小心，譬如把“这次画展中，共展出三十幅作品”报成“在这次画展，中共展出三十幅作品”。

新闻播完，回办公室放下稿子，乘电梯、下楼，常发现在大厅里已经有几个人起身，过来握手，表示“关心”：“最近情绪还好吗？”

那时候，我们几个记者就讨论：

“天哪！同一个时间，三家电视台播报新闻，他们敢情不吃晚饭、不休息，全坐在电视前面盯着看、盯着记录？”

后来，想通了——

他们领薪水，就是做这工作。十天半个月，有时候甚至一年半载抓不到个“鬼”，而今你总算出点毛病，能不飞车赶到，给你做份笔录，往上打份报告吗？

他不报，久了，就是“尸位素餐”，该滚蛋了。

请问，换作你，你报不报？

◎

于是，你会发现“勇于公战”的人，总“怯于私斗”；“怯于公战”的人，反而“勇于私斗”。

出去谈判，为公家拼命的时候，他躲在后面，半句话也不敢吭，回到公司，却可能说：“我刚才就听出了，对方那家公司的话中有话，只怕……”

你问他：“当时你为什么不说呢？”

他叹口气：“唉！我，人微言轻，哪儿敢说呢？不说都已经会得罪人了。”

他当然得罪人了，如果你是谈判代表，你火不火？

问题是，人就爱听这种“事后诸葛亮”的话，好比爱看“东跑跑、西跑跑、摔倒，再接到球”的演出，才觉得过瘾。若是不幸，碰巧你的老板也爱这种“路透社”消息，那“闲人”就真肇祸了！

◎

对，闲人肇祸！

什么叫“不怕官，只怕管”？

那“管”的，常是没用的闲人，他的位子可能不高，声音可能不大，走起路来也可能最安静，但是盖章的声音特别响。

不幸，你有个公文，急着办，送到他桌上，麻烦就大了。

他老兄搁着、压着，一会儿上厕所，一会儿擤鼻涕，再拿起来左看看、右瞄瞄，隔半天，往里倒抽口气，小声说：“兄弟，这章难盖呀！”

偏偏，他真能挑出些规章条例挡你。那“大帽子”抬出来，连顶头上司都不敢多说话，你又能怎么办？

人人知道好办，人人也知道难办。现在，人人更知道“这小鬼难缠”。

像他这样的闲人，你能瞧不起，能不对他敬畏三分吗？

◎

所以，在办公室里，你可以得罪忙人，因为忙人没时间跟你计较；你可千万别得罪闲人，因为闲人有的是时间跟你周旋；你更千万别瞧不起职位低的人物。

以前，有个电视明星对我说得妙——

“我出差，回来送礼，一个不敢少。制作人要送，否则他不找你；导演不可少，否则他不给你好角色；摄像师也不能少，否则他不取好角度。”她苦笑一下，“可是，昨天，播出来，我吓一跳，怎么自己看起来那么老？眼袋、皱纹全出来了，想想，糟了！只怪我自己，没送灯光师啊！”

◎

现在，让我们回到最早的故事。

你猜，老丁的女儿珊珊是怎么跌倒的？她为什么自从跌倒后，看到阿壮就害怕？

她会不会再大一点，会讲话了，有一天突然说出来：“是阿壮在后面把我推倒的。”

现在，进入更严肃的话题了：

你必须知道，闲人不但能挡你的路、说你的小话，还能扯你的后腿。

老丁说小孩子不会摔倒，犯不着阿壮多管闲事，坐在那儿守着。

阿壮说他朋友就有小孩撞到桌角死了，老丁斥为胡言。

换作你是阿壮，你会怎么想？

你会不会想“等着瞧”？而当珊珊好好地跑来跑去，证明你说错话，甚至显示你“危言耸听”的时候，你是不是心里一百个不是滋味？

当你发觉自己位子不保的时候，你会怎么办？

当你发现孩子果然要撞上桌角的时候，你明明一伸手就能救她，你会不会就不伸手？等着证明——

“我说得没错吧！”

这，就是人性！

了解了这个人性，你对孩子说话便得小心，尤其是那些青春期的孩子，他们本来就处于“你说东，他偏往西”的叛逆期，当他对你说“我明天要去爬山，一定得买登山鞋，否则会摔倒”的时候，你可千万别不以为然地回一句：

“你呀！心里想什么，我还不知道？你想要酷，对不对？别的同学有，你就非要有，对不对？我偏不买给你。”

如果你这么说了，可能他明天出去爬山，真给你挂彩回来。

他也不是假装摔倒，只是特别不注意，于是，就真受伤了。

同样的道理，你明明知道你的另一半或亲近的人，说他想死，是撒娇，是“闲得没话说了”。

你能说“算了吧！少胡说八道”吗？只怕说了，就真会造成无法挽回的悲剧。

记住！每个人都有自尊，都要被别人肯定，都要觉得自己的存在有价值。所以明明他闲，你绝不能表现出“觉得他闲”，而应该想办法给他事做，使他不闲。

如果你是老板，你更得小心那最闲的人。

发现他没事，你只有两条路——一个是立刻请他走人，一个是立刻使他不闲，你甚至得为他“量身裁衣”，宁可“无中生有”地制造个研究主题，叫他去负责研究，你再偷偷地把报告扔掉。你千万别留着这个闲人继续闲下去。

否则，他必然要制造事端，让整个公司受害。

更重要的是，当闲人向你谏言的时候，你千万要小心听，装作重视，否则闲人很可能证明给你看！

要你好看！

再换个角度，如果你是个闲人，或者你虽不是闲人，但意见跟老板相左的时候，你该怎么办？

让我们进一步探讨，请看下一个故事。

小火锅里的革命

在一个团体里，你不是不能发表跟主管相反的意见，只是发表前你先要想想主管有没有接受指责的雅量和本钱。

才三十出头的小方，居然当上了总经理？

算了吧！不如说他那有钱的老岳父当了“董事长”。

这也都归小方走运，娶到刘大户的掌上明珠，据说本来刘老头看小方学历差，又穷，不答应，两个年轻人是“搞革命”结的婚。

刘老头火了，从此不跟小两口往来。偏偏有一天，刘老头的朋友请客，去个西餐厅，店长过来招呼，当着刘老头一群有钱朋友，叫了声“爸爸”，才发现进了女婿的店。

“这是你女婿？”几个老头问来问去，刘老头闷不吭气地点了点头。当啷一声，餐厅那头的小方不知是不是紧张，正好把两盘西餐全打翻了，那牛排还像长了腿似的，一路溜，溜到刘老头的脚下。

小方就一路追，趴在地上，好像给岳父大人磕头似的捡牛排。一群人，不！一餐厅的人，全笑了。只有刘老头，气得差点想一脚踢过去，却又不得不压住怒火，对老朋友笑笑："我是存心，要他在基层历练历练。"

◎

才走出餐厅，刘老头就发火了，先把小方夫妻叫来臭骂一顿，又左一个电话、右一个电话。

隔天，小方餐厅的董事长就去了刘老头家。再隔一个多礼拜，那董事长居然说他要退休养老，把所有的股份都让给了刘老头。

刘老头再手一指——

于是，小方摇身一变，由个分店的店长成为全公司的总经理了。

◎

小方也真不含糊，其实他早就有"经国之大志"，这些年从店员爬到领班，再爬到店长，对餐厅的经营，早有一番认识、许多抱负。

所以才上任，小方就带领各店店长到日、韩做了考察，而且立刻有了收获。

"看看首尔那家小火锅连锁店，多发！多赚！"在回程飞机上，小方特别从头等舱走到经济舱，对二十多位店长宣布，"我现在已经决定，回去就发展这种小火锅，我连韩国制造火锅的厂商都搞清楚了，保证成功，而且这是创举，一定能引起轰动。”

机舱里立刻爆发一片掌声，除了一个人——小牛，没等掌声落下，就扯着嗓子喊：“小方啊！可是你要想想咱们是西餐厅，桌椅都是进口的材料，又是高级地毯，你这火锅往上一放，水开了，蒸汽再往上跑，涮的时候，又难免溅出来，这损失不就大了吗？”

下面开始交头接耳，听见一些低低的附和声：“对呀！可不是嘛！”

小牛还没说完，对大家笑笑：“而且，西餐厅里讲究的是气氛，东一锅、西一锅，既冒火，又冒烟，不是不伦不类吗？”

“什么不伦不类？”小方火了，“你吃过瑞士火锅没有？不但冒水汽，还冒油烟呢。一句话，我这么决定了，下个月就进货，立刻印海报、登广告，百分之百成功！”

◎

突然间，各报都刊出了大幅的小火锅广告，韩式西吃，配南非龙虾、神户牛肉、阿拉斯加帝王蟹。

每家连锁店前，除了挂满大彩条、大海报，还插满了旗子，推出期间特价优待。

这特价优待，原定两个星期，没想到，欲罢不能，居然持续了半年。

这欲罢不能是不得已呀！

推出第一天，明明是元月，偏偏热得跟盛夏一样，客人进来，都喊热；还有好多，抬头一看是小火锅，转身就出去了。

接着，又是梅雨，加上小火锅一蒸一烤，墙上的壁纸居然自己开口，从顶上脱落，害得各分店急着用粘胶带把壁纸粘回去。

粘回去？多难看！可是跟桌、椅、地毯比起来还算好看呢！正中了小牛说的，豪华的家具全完了。才半年，这高级西餐厅不但变得不伦不类，老顾客不再上门，连有限的几位捧小火锅场的顾客都不来了，说这餐厅太老旧、不求进步。

◎

其中唯一的例外，是小牛负责的那家店。

小牛虽然好像服从总公司的命令，进了一批小火锅，可是他不宣传，更不推荐，只当小火锅不存在。甚至碰上看广告要来尝新的顾客，小牛都摇摇手笑笑，小声说："讲句实话，我自己都不敢恭维这种东西，我劝您，还是点西餐吧！我们是西餐厅嘛！哈哈！对不对？"

小牛那家的生意居然一天比一天好，每月一次的店长会议，小牛在下面，虽不说话，他的笑却一次比一次……让小方不舒服。

"当然啦！有些不喜欢看到火锅的客人，会一起跑去火锅少的分店，这不是那家店好，是走歪运。"小方安慰大家，"继续坚持，什么新东西，要造成风气，都得花点时间。"

只是，话才说完，有一家店就出了乱子。火锅下面的小瓦斯炉，先是点不着，再点一次两次，居然"轰"的一声，蹲在那儿点火的店员立刻进了医院。

跟着另一家店也发生意外，是壁纸没粘牢，掉下来，正碰上下面小火锅的火，着了起来，虽没酿成大祸，救火车一浇，却全"泡了汤"。

偏偏这时候小牛的餐厅被市里选为卫生安全奖的第一名，小牛自己发了新闻，还开了庆功宴。

庆功宴居然发请帖给各分店的店长以及方总经理。

◎

听说大家都去了，除了方总之外。

小方头疼了，思前想后，几天失眠。人不用说话，数字会说话，从他上任半年来，公司的业绩跌了三分之二。

“我错了！”小方主动去见老岳父，“我做了错误的决策，我想明天就宣布，各分店全部放弃小火锅。”

刘老头铁青着脸，正盯着财务报表看，听小方这么说，那铁青突然变成通红，狠狠拍一下桌子，“霍”地站了起来：

“你没错！你现在宣布改回去，就真错了！”

◎

小方把原来写好的公文压下了，换上另一张——

“××分店不配合总公司决策，有违团队精神，也有损公司整体形象。经董事会决议，店长牛××应予免职，即日生效。”

小牛走了，他那家副店长很识时务，立刻搬出小火锅。

只是，才端出，就接到方总经理办公室秘书的电话：“你们分店维持原来的经营方式，不必推出小火锅。”又过几天，新的命令发布：

“经测试，推出小火锅的时机尚未成熟，下周起，各店均撤销小火锅，并进行全面整修。”

◎

看了这个故事，你会不会想：

刘老头未免太毒又太笨了。小方不是料，正需要小牛这样的人才来辅佐；而且小牛为公司赚了钱，明明该赏的时候，你为什么反而“恩将仇报”，把小牛开除了呢？如果你认为小牛做得不对，又为什么在小牛走人之后，立刻把原来的计划废除，而全照小牛的方法去做呢？

◎

不知你有没有看过斯皮尔伯格导演的《辛德勒的名单》，如果你看过，你记得当集中营里盖房子，德国军官用的方法不对，一位犹太女工程师说那样一定会垮的时候，德国军官怎么做？

他先一枪打死那犹太专家，再告诉下面的人，照她讲的方法去改。

这电影情节是根据史实，请问，他为什么先把专家杀掉，又立刻照专家的方法做呢？

这跟刘老头的做法不是一样吗？

对的！从这个角度想，你可以说小牛还算走运，幸亏他是在餐馆做事，要是换在以前的军中或宫廷，只怕他已经人头落地了。

不知你有没有看过《三国演义》里袁绍与田丰的故事。

袁绍要攻打曹操，袁绍的手下田丰劝说："曹操用兵变化多端，不能小看，不如跟他打持久战。"

袁绍不听，田丰还是力谏。

袁绍火了，说他是故意泄士兵的气，于是先把田丰关了起来，再出兵。

袁绍果然大败。

听说袁绍败了，有人对田丰报喜说："果然一切如你所料，袁绍回来一定会重用你了。"

说到这儿，你猜田丰怎么说。

田丰很沉痛地叹口气："唉！要是打赢了，我还能活；现在战败，我非死不可！"

果然，袁绍回来之后，对左右的人说："我没听田丰的话，现在他一定在心里暗笑我。"

接着把田丰拉出去杀了。

◎

你看过《史记》里伍子胥的故事吗？

吴王夫差要打齐国，伍子胥力谏，说："越国才真是大患，越王勾践存在一天，吴国的祸患就存在一天。现在不打越国，去打齐国，是大错特错。"

吴王没听，照样出兵攻齐，而且奏凯归来，从此不听伍子胥的话。

过了四年，吴王又要发兵攻齐。伍子胥又力谏，而且话说得更重："恳请大王先解决越国问题，否则后悔莫及。"

你猜，伍子胥的下场如何？

伍子胥不但被吴王赐死，而且尸体被扔在江里。

吴国的宰相伯嚭对吴王说得好——

"以前大王要打齐国的时候，伍子胥坚称不可，最后大王还是大胜，伍子胥非常懊恼，因为他的计谋没被采纳。如今大王又要打齐国，伍子胥又拦阻，破坏整个计划，他只希望我们败北，才能证明他的高瞻远瞩。"

伯嚭是所谓奸臣，但是他说的话有错吗？他分析的是人性啊！

田丰为什么自知会被杀？田丰也是因为了解人性。

想想，小牛如果当时不曾当着各分店店长的面指出方总的决策不对，而自己偷偷不照计划施行，也不对外发新闻，他会滚蛋吗？

刘老头没错！

从人性和领导艺术的角度看，如果小方在开除小牛之前，先宣布自己的计划失败，是不是会惹得大家偷笑，他以后还怎么领导？他还有什么"威仪"？又怎么服人？

所以与那德国军官、袁绍和夫差一样，刘老头教小方——先杀再说。

先教人头落地，使下面人收起心里的"笑"，再说。

◎

自古以来，愈是有能力的领导者，愈心宽，愈能容得下人。像是贞观之治的李世民，他当然有心胸“察纳雅言”，就算魏征当着大家的面指出他的不是，他也不会把魏征杀了，甚至赞美魏征可以使他“知得失”。

这是因为李世民强啊！

这是因为李世民功业彪炳、人人拥戴啊！

你想想，如果小方上台之后，多半的构想都成功，为公司赚了大钱，只有这一个小火锅的项目失败，他会把小牛开除吗？恐怕他还会当着大家的面说“只怪我当时没听牛店长的话，以后大家有想法，可以尽量提出”呢！

因为他的“功”足以掩他的“过”，所以他有本钱认错，认了错，反而能让大家觉得他宽厚、开明。

◎

看了这许多，你就要知道，在一个团体里，你不是不能发表跟主管相反的意见，只是发表前你先要想想主管有没有接受指摘的雅量和本钱。

然后，你就可以决定“说”还是“不说”，或者“怎么说”。孔子讲得好——“邦有道，危言危行；邦无道，危行言孙”。

什么叫“言孙（逊）”？

言逊是你用低姿态去说话。

譬如你对老板说：“记得××时候，您（老板）讲过一个原则，我一直用这个原则去想事情。今天这个项目，能不能也朝那个原则考虑，换个做法呢？”

管他（主管）以前有没有说过那方法，只要是好方法，他总不会否认，于是他就算做了一百八十度的转变，在大家看来，也好像是出于他自己的想法。

当然，你也可以找个只有主管和你在的机会，用试探的语气提建议。没有别人在场，不伤他的面子，他比较容易接受。

你更可以明明要建议他用A方案，却说：“我觉得有A、B、C三种做法，不知哪个比较好，请领导指示。”

结果，他挑了A案。在感觉上那是他挑的，是他的智慧，不是面子全给了他吗？

只是他也心知肚明，于是他感激你，会偷偷谢你。

记住！

一个伟大的学者，会让他的秘书修正他的演讲稿；但是一个烂主管，不会容得职员改他公文上的半个错字。

你愈碰上烂主管，愈要小心。

◎

现在，让我们回到原来的故事。

如果你是小牛，你要怎么办？

你可以照田丰和伍子胥的做法，力谏、死谏！

你也可以“将在外，君命有所不受”——偷偷做自己的，但不出外张扬。

你更可以在方总已经决定之后，就放弃自己原来的想法，全力推动小火锅。

对的！全力推动那个你知道“成不了”的小火锅。

你要假设，如果那是军令或投票的结果，你能不服从吗？你又能因为投票的都是“无知的民众”而不遵行吗？

◎

什么叫民主？

“民主”是你可以在投票之前争得面红耳赤，结果出来之后，即使不如你的想法，你也少数服从多数的制度。

什么是员工？

“员工”是你可以通过渠道谏言，但是上面决策下来，你明知不对，也应全力以赴，再不然，就挂冠求去、另谋高就的部属。

在“民主”社会，最有害的，是那些投票结果合意就高喊“民主万岁”、不合意则翻票箱喊冤的人，也是那些能反对的时候不反对，后来却放马后炮、消极怠工的人。

即使他放得对，在团体里也是祸害。

◎

了解了这一点，你就要知道，如果你是田丰或伍子胥，保命不难，你只要在主子决定之后，立刻放弃己见，全力帮主子就成了。

在一个公司里，当你的意见跟主管相左，你力争，仍不被采纳之后，你就要加倍努力，去配合主管的做法。你要比别人跑在更前面，甚至死在更前面。

你千万别成了边缘人，躲在一角，冷眼看大伙拼命，让人猜“你只盼大家失败，表示你原来的看法对”。

于是无论成与败，你都是主管最痛恨的人。

而且，他愈失败，愈恨你，甚至如果大家跟他一起拼了命，打了败仗回来，看你讪笑（明明你没笑，他们也觉得你在笑），会一起把失败的责任推在你“扯后腿”上。

这就是人性！不要叹人性可悲，因为你也是人，这也是你的人性。

换你是刘老头，你也一样得叫小牛卷铺盖呀！

这世界公平吗

怨恨只会让你更偏激、更不理智，甚至造成更大的失败。

今天，你一进门就嘟着嘴说，你参加学校诗社比赛居然没得奖。

接着就见你上楼，在浴室里擦眼泪，一边哭一边说连美国诗人刊物都收录你的作品，学校里的比赛却没得奖。还说英文老师讲你写得很好，同学也说棒，认为你绝对会得奖，一定是中间出了什么问题。

“会出什么问题呢？”我问。

“说不定诗被弄丢了，没到评委的手上。”

“你把诗交给谁了呢？”我又问。

“交给了英文老师。”你说，可是又讲你已经问过英文老师，老师说早就送进去了。

“那你要不要去查，去一关一关地问，或是问问评委老师有没有见到你的诗？”我说。

却见你一跺脚，不高兴地讲："问有什么用？比赛已经结束了，课都结束了，我都毕业了，就算诗真的丢掉了，找回来，也晚了。"

◎

孩子，这下我就要说你了。当你觉得有问题、不高兴，或者不服气，你只有三条路可以走——一是去追查，看有没有失误；二是不在乎，认为查也没用，犯不着浪费时间；三是好好检讨，是不是自己有弱点却不自知。

你既不高兴，又不愿意去查，还不检讨，自己在这儿生闷气有什么意义呢？这不是积极的人生态度啊！

而且，你说比赛结束了，查也没用。这话显得你太利己，有些自私。你怎么不想想，如果查出是有人遗失了文件或比赛的规则不合理，甚至要那该负责的人认了错、道了歉，不是可以使主办人员警惕，让以后参加比赛的人不再吃亏吗？

这就好比前段时间学校刊物上有涉及歧视的文章发表，为什么中国家长要那么气愤，甚至把新闻登上了报纸？他们不是也可以说文章已经发表，争也没用吗？

他们争，是为了让老师和学生警惕，不要再随便刊登有种族偏见的文字，使以后的少数民族子弟能不吃亏啊！

还有，你不断地说不公平、不公平，比你的作品差的作品都得奖了，你却没列名。我对你说的"不公平"也有意见，如果是别人把你的作品搞丢了，那不能算是不公平，那只是"错误"。只有当你参加比赛，别人故意贬低你的作品时，那才叫不公平。

而且，我要问你，这世界上真是样样都公平吗？

为什么有些人漂亮，有些人丑，有些人高，有些人矮，有些人能一目十行，有些人却十目都看不了一行，有些人家财万贯，有些人寅吃卯粮，有些人生在贫穷战乱的地区，有些人生在富裕安定的地区？

这世界本来就不公平啊！

◎

说件事给你听，我在台北时有个小女生对我哭，说她毕业应该可以得到市长奖，但是因为每个学校有一定的名额，其中一个给了家长会会长的孩子，另一个给了有脑瘤的小孩，结果把她挤了下来。颁奖时，她在乐队里演奏，看着成绩不如她的同学领了奖，眼泪直往肚里吞，她觉得太不公平了。

我一边听，一边眼泪也要掉下来。但是我听完之后，对她说：

“你要想想那个得脑瘤的孩子多可怜！他得那么重的病，动了那么多次手术，还能有不错的成绩，真是不简单。就成绩而论，他比你差却排在你前面，确实不公平。但是从另一个角度想，一个才十二岁的孩子就长了脑瘤，上天不是也不公平吗？你怎么不想想自己幸运的地方而感恩呢？”

孩子，你愈大，愈会发现这世界上有许多不公平。对那些不公平，你或是强力去抗争，如同美国黑人争民权一样，用上百年去争取；再不然你就要把那愤怒化成力量，在未来有更杰出的成就，以那成功作为“实力的证明”，也用那成功对你的敌人做出反击。

但是记住：

你可以化悲愤为力量，但你不能怨恨，因为怨恨只会让你更偏激、更不理智，甚至造成更大的失败。

人在诈中不知诈

每次看见年轻人穿不合身的西服，就让我想起自己做第一套西装的惨痛经历。

那一年我刚考上师大，母亲主动提出要为我做套西装。

我四姨听说后，立刻送来一套西装料，是街上一个陌生人卖给她的。陌生人自称刚由香港回来，带了几套上好的英国毛料子。没等我四姨开口，就点燃火柴，烧西装料的一角，递到我四姨面前，说：“您闻闻，有烧毛的焦味，保证是百分之百的羊毛。”

我四姨问问价钱，还可以，就买下，再转手送我了。

我如获至宝，拿去一家西服店请师傅量身定做。母亲陪我一起去，不放心料子，问店家这料子好吗？

师傅说好极了，又讲因为要做得细，不好做，所以工钱不能省。

隔一个多礼拜，我去试装，觉得有点垮，师傅说可以调整。

问题是，调整完，穿上还是垮。更惨的是我第一天穿出去，同学居然笑问我是不是穿老爹的旧西装，一副衰相。

我又跑回西装店，问能不能改进。

没想到，师傅斜眼看看我，说："够好啦！这种烂料子，能给你缝出来已经不错了。"

我大吃一惊，问他："你不是说料子很好吗？"

他又一笑："很好！当然很好，那总是块料子啊！"又说，"你来做西装，我是裁缝，只管做，赚你裁缝的钱。我这儿有那么多好料子，谁让你不在这儿买？"

我火了，问他："如果我拿张纸来，你也做？"

"对！"他眼一瞪，"只要能裁、能缝，我就做。"

我后来想通了，他明知料子差，我四姨被骗了，可是他不说，因为他说了，我也许就不做了，使他赚不到裁缝钱。

于是，我四姨被骗第一次，我被骗第二次。

◎

每次听说有人住院好一阵子，不得不转院，就让我想起在我九岁时去世的父亲。

记忆中，他初病时，我每次到医院，都看见医生、护士跟他散步聊天，有说有笑的，好像一点儿没事，隔天就能回家。

只是病况一天天严重，"切片"再"切片"，"化验"再"化验"，直到癌细胞扩散了，才不得不转到当时最好的"中心诊所"。

父亲去世后，母亲常一边咧着嘴痛哭，一边骂：“都怪那浑蛋医院啊！”

母亲后来有一天问我：“你知道 ×× 医院为什么明明应付不了那病，却硬留你爸爸吗？”

我摇头。

“因为你爸爸住头等病房，多待一天，他们就多赚一天。”母亲说着，又掉下眼泪，“你可怜的老子，先被骗了住院钱，又被骗得丧了命！”

◎

刚到美国不久，有一天，家里电视坏了，我就打电话请人来修。

来的人把电视拆开来检查，没多久，摘出一个零件，说“坏了”，得换新的。

我问多少钱。他说要打电话回公司问，接着拨电话，报来的价钱吓我一跳。

“你可以不换，把这个扔了，再买一台啊！”维修的人说，“只是你要想想划不划算。而且如果不换，今天就要收服务费。”

我一算，买新电视得多花一百多美元，加上服务费，共两百多，就问他：“换了之后，能用多久？”

他说应该很久，我就换了。

事隔四年，我搬了家，另一台电视也坏了，找维修，来的居然是同一个人，坏的居然是同一样东西。

他又打电话问公司，报来的价钱又是“不上不下”。

我没换，正巧隔天有个学电机的朋友来，居然只花十块钱买个小零件，就修好了。

朋友笑说我差点上了当。还说他家电视也出过毛病，他懒得自己动手，找维修人员，结果跟我一样，也说要换个重要零件。

“当时我看出来不对劲，听说他要借电话，我就躲到分机偷听。”朋友说，“你猜他们说什么？”

看我不懂，他笑道：“这边这个拿着零件，装模作样，故意报出型号。对面那个却在开玩笑，骂一串猪生狗养的脏话。挂了电话，这边这个还演戏，说公司查了，要两百多块。”

我笑骂那朋友违法偷听电话，是“非法搜证”。

却见朋友一笑：

“我不诈，怎能抓到他的诈？我不抓到他的诈，又怎能让你不被骗呢？”

◎

年过半百，我愈来愈发现，这世上处处有诈，只是大家多半看不出来。于是一人上当，还带着一串人上当；一个人买了假古董，还当作传家宝，传给子子孙孙；一人赌博遇上老千，还帮着老千把别的“肥羊”带去宰杀。一人听信股市作手的话，还急着告诉亲友，一起跳入陷阱。

更可悲的，愈是发不出声音，或出声也没人听的平常百姓，愈容易前面被蒙、后面被骗，还以为遇上贵人、讨到好处，成为帮凶。

◎

如我那朋友说的——“我不诈，怎能抓到他的诈？”从负面看，其中许多“诈术”，都能成为不肖者的参考资料，只是由正面看，如果读者能因此提高警觉，不是如同注射以病毒做的疫苗，却能防毒救命吗？

所以我要说——

以战止战、以毒攻毒、以诈止诈。

愿战争带来的是和平，疫苗带来的是健康，诈带来的是坦诚与善良。

未来总裁夫人的内交

当你发现一个人总对你说要淡泊名利的时候，你千万别以为他真的恬淡寡欲。愈是有矛盾的人，愈要挣扎。愈是不快乐的人，愈说自己快乐。

小陈最近真是又兴奋又紧张。

兴奋的是领导已经内定小陈去驻外公司任职。

紧张的是驻外公司的郑总裁正好下礼拜要返回台湾述职。

这真是太要紧的时刻了，小陈心里已经有了打算，他要在上任之前，先给未来老板一个好印象。

对这事，小陈很有把握，他自信是拍马屁的高手。想到这儿，小陈得意地笑了："而且，我有一个漂亮的太太，娶她的时候我就相信，以她的风采，我也一定当得上总裁，现在果然吧，我那美丽的老婆马上就要做总裁夫人了。"

“总裁夫人有什么了不起？”小陈的太太青玉撇了撇嘴，又忍不住地笑了，“哼！还没当上呢，先得服侍大老板夫人，我不干！”

◎

当然，青玉还是干了，她早就心想，自己有一天会当上总裁夫人。为这一天，她已经不知道买了多少体面的衣服，练了多久的网球，又补了多少年的英文了。

郑总裁夫人，哈哈！见面的时候，青玉一方面按照惯常礼节趋前几步，行礼、握手、问安，一边心想“其实根本不像个‘夫人’”。

当然这只是她心想，她早就告诉自己，一定要使出浑身解数，把总裁夫人伺候得满意无比。什么叫帮夫？这就是帮夫！在“外交圈”内做“内交”，谁不知道总裁的老婆们，可以透过女人的“内线”，办成许多男人在会议中办不成的大事。

谁不知道，烧得一手好菜，也是总裁夫人的必要条件。许多时候，把众家夫人请回来用餐，顺便将丈夫交代的事情，找个机会说出去，试探试探，或放个风向球，也是“外交圈”常用的方法。

◎

一边把菜端上桌，青玉一边客气：

“对不起啊！夫人，我只会做这点不成样的小菜。”

“哪儿的话，这是鲍鱼啊！在美国，买一罐墨西哥的车轮牌鲍鱼，得花上一百多美元，我们都吃不起呢！”

“哎呀！夫人太客气了，等会儿我送您几罐，我们多的是。”

没等吃完，青玉已经偷偷请妈妈去买了四罐车轮牌鲍鱼，包好了，放在门口。

◎

第二天，郑总裁夫人想去“故宫博物院”。领导虽然安排了座车，但是总裁坐走了，幸亏青玉早有了安排。

“这是奔驰四百耶！”总裁夫人才出门就叫了起来，“你的？”

“不！是我租的，特别为您租的，我的那辆车，不能见人。”一边说，一边介绍开车的司机，“这是小许，我常租他的车。”

从“故宫”回程，经过圆山饭店，远远看见网球场，夫人笑笑：“以前常在这儿打球。”

“现在还可以打啊！”青玉赶快接过话，回家立刻四处打听，找到个网球俱乐部的会员，当天晚上就向总裁夫人报告，后天可以打球了。

◎

第三天，是采买的日子，郑总裁有一儿一女，少不得买点东西带给孩子。

“您何必去百货公司呢？”青玉在车上笑笑，“我可以带您去一家，专卖法国时装，而且不贵。”

不过她们还是去了百货公司，因为夫人忘了带面霜。

所幸台北的百货公司都有夫人用的那个牌子，而且卖化妆品的小姐很体贴，一边介绍产品，一边请总裁夫人坐下，要为夫人化妆保养。

“哎呀！哎呀！老脸了，还搽这些做什么？”夫人笑着坐下。

“愈是老脸，愈要保养啊！”青玉笑道。

“说得也对！”夫人看着镜子，“你看，我这太阳穴两边，长了好多黑斑，眼袋也愈来愈大。”

青玉趋前，盯着看了看：“哎呀，黑斑不算多啦！我妈比你多多了！而且眼袋怕什么？美容手术，一下子就没了，还能附带文下眼线。”

夫人从镜子里看着青玉，笑问：“你看，我真有眼袋，对不对？”

“还好啦！还好啦！”青玉安慰地说。

◎

第四天，两个人一早就出发了。

郑总裁夫人换上一套网球装，短袖、短裙。青玉吓一跳：天哪！前几天看她穿长裙，不知道，现在才发现原来总裁夫人的腿那么短、那么肥。

“不好意思！不好意思！愈来愈胖，所以要运动。”总裁夫人自己先说了。

“其实您也不胖。”青玉赶快安慰，“胖的人比您胖多了。”叹口气，“可惜您在这儿只待一个礼拜，不然，我可以带您去瘦身中心，一个月就能瘦下来了。”

大概就因为胖，总裁夫人才打了十分钟就叫休息，一边抱怨天气太热，一边好奇地盯着青玉："我看你的球技相当好，比我好太多了。"

"哪里，哪里，您过奖了。"青玉装作不好意思，"其实我才打过三四次。"

"真是天才！"

◎

第五天，总裁夫人要做头发。

青玉找了一家台北最有名的美容院，又打着领导的招牌，抢下一个师傅的时间。

"剪得好！剪得好！"总裁夫人真识货，一边剪，一边赞美。那香港师傅也嘴甜："是您的发质好。"说着摸总裁夫人的头发，"中国人，像您这么柔细的头发很少有。"

"算了吧！"总裁夫人看着镜子笑了，"都白了。"

"没有啊！"香港师傅看来像个找玩具的大男孩，东看看、西看看，"我没看见什么白头发啊！"

"是没什么。"青玉在旁边一张椅子上，转过头，"只有顶上一点点啦！"

"顶上一点？"总裁夫人也转过脸，"是啊？你看到了，对不对？"

"那天您低头我才看到，不注意是看不到的，您只要少低头就成了。"青玉体贴地说。

显然对师傅十分满意，临出门，夫人特别拿了两百块钱小费，转身回去，要给师傅，被青玉挡下了。“我来！我来！”说着塞了五百块在师傅手上。

◎

第六天，单位有酒会。

青玉穿了她最美的晚礼服去，猩红色的长旗袍，西式的翻领，从领口用碎钻镶出长长一只白孔雀，到腰，再孔雀开屏，转到背后。

“你瞧瞧，青玉多美！”总裁夫人拉着郑总裁看。

“这么多天，都是青玉陪着我，她真细心，也真有才气。”

“还是个美女。”总裁笑眯眯地向小陈和青玉举杯。

回家，没进门小陈就把老婆抱了起来：

“谢谢你，亲爱的！你真是太棒了，我这次出去，一定会被总裁重用了。”

◎

总裁和夫人要返回任所了，在机场青玉和总裁夫人依依不舍地话别。

“真舍不得我这好妹妹。”总裁夫人依依不舍地说。青玉也装作依依不舍的样子：“所幸，我和小陈马上就要去了，我们可以在那儿一起出去玩啊！”

“好哇！好哇！”总裁夫人鼓了鼓掌，又对小陈挥了挥手，“真令人羡慕，你有这么好的太太！”

飞机起飞了。

小陈回程，一边开车，一边伸手搂搂老婆：“我也真羡慕自己，有这么好的太太，只是以后要继续辛苦你了。”

◎

青玉回家，立刻就辛苦了起来，一刻不停地收拾东西、采购食物，把那些可能买不到的干货全备齐了。

只是，出去的人事命令迟迟不发布，隔了三个月才发布，居然不是小陈。

小陈愣住了，跑上去问主管。

主管先不说，只是低着头，过半天，抬起脸：

“我也不知道出了什么毛病，正想问你，你太太是不是对郑总裁夫人做了什么不礼貌的事？”

“没有哇！怎么可能呢？”小陈叫了起来。

“我私下告诉你吧！”主管沉沉地说，“郑总裁是蛮欣赏你的，可是总裁夫人说了重话，她说冲你的老婆，你就不可能做好社交。要是放你出去，不用半年，外边的朋友全被你老婆得罪了……”

看了这故事结局，你会不会想：“天哪！什么总裁夫人嘛！她根本是禽兽！”

是啊！青玉一路伺候她，请她吃饭、打球，带她美容、购物，她在机场还做出一副依依不舍的样子，又当着丈夫和小陈的面，说感激青玉的话，怎么才一转眼，就翻脸不认人了？

不认人，倒也罢了，何必还在丈夫面前说坏话，而且说得那么重，害小陈外调的希望落空。到底青玉做错了什么事，让总裁夫人认为冲着青玉，不用半年，就会把外面的朋友全得罪了？

◎

如果你确实这么想，我必须对你说，你自己也该检讨了！你很可能跟青玉一样，因为不懂人性，在无意间得罪了许多人。

我可以告诉你，青玉确实不会做人，在前面故事中，几乎她做的每件事都错了，都错在她不懂夫人的心理。

先让我说个历史故事吧！

据宋代叶绍翁的《四朝闻见录》记载——

皇后有一天召秦桧的老婆入宫，在赐宴的时候有一道非常名贵的菜——淮青鱼。

皇后很得意地介绍淮青鱼，又问秦桧的太太王氏：“你吃过这种鱼吗？”

王氏想都没想，就说：“吃过，比这更大的都吃过。改天我给您进奉几条更大的。”

王氏以为自己拍了皇后马屁，回家立刻对秦桧说。

没想到秦桧大惊失色：“这还了得！你太不懂事了，只怕闯了大祸。”立刻叫仆人来：“快！去买几十条大草鱼来，明天送进宫去。”

“草鱼？”秦桧的老婆不解地喊，“那是最便宜的，看来像淮青鱼的草鱼，怎么能拿来当淮青鱼进奉？会被杀头的！”

“送淮青鱼，才真会被杀头！”秦桧骂了回来。

第二天，几十条草鱼送到了皇宫。

皇后看见鱼，得意地大笑：“我就说嘛！怎么可能有那么多淮青鱼？这王氏要是有比皇宫更大的淮青鱼，我倒真要相信人家说秦桧贪污的话了！”

◎

好！看完这故事，你了解了吧！

你想想，一个礼拜之后，当郑总裁夫人离开的时候，她心里会怎么想？

她会不会想：“好家伙！我舍不得买的鲍鱼，你一个小职员，家里居然有一堆！我从来没去过的美容院、瘦身中心，你居然很熟！我坐不起的奔驰四百，你居然常租！还跟司机成了熟朋友！我现在进不去的网球俱乐部，你居然说去就去！我小费给两百，你一出手就是五百。”

她怎么知道青玉咬了多少牙？

但是，青玉要面子，也要给丈夫撑场面，她不说那是她狠下心买的鲍鱼、求朋友安排的网球场、打听出来的美容院以及首次租用的奔驰车。

她要装阔，装自己见过场面，岂知装出了麻烦，她不是跟秦桧的老婆犯了一样的错吗？

◎

换个角度，如果当初她只是做几道可口的家常菜，租个稍好一点的车子，自己开。告诉郑总裁夫人，她有个朋友正好是圆山网球俱乐部的会员，又说为夫人打听到一家最好的美容院，本来进不去，但对方听说是郑夫人要剪，托夫人的福，就成了。

这感觉不是好太多了吗？

谈到开车，你要知道人都有个人性，就是不喜欢欠人情。

当青玉对夫人说“这是我特别为您租的”的时候，你以为夫人会高兴吗？

想想！如果你的孩子，对你说“我会为你用功念书”的时候，你八成不高兴地说：“书是给你自己念的！不是为我。”

对不对？

如果你的男朋友对你说：“我辛辛苦苦打工，买这辆车，全为了接你送你。”

你就算嘴上感激，是不是心里也想：“你难道不是图你自己方便吗？我一共才坐多少时间，你却成天在外面开着跑。”

如果你还未成年，你的妈妈对你说：“全是为了你，我不出去工作，天天在家守着你。”

你是不是也要不高兴地讲：“你去工作啊！我不用你守着！”

如果你是个大男人，对老婆说：“我做牛做马，全为了这个家。”

你老婆即使不答话，是不是心里也会暗骂：“难道我在家吃闲饭吗？我可不比你轻松啊！”

◎

记住！

人最不能承受的重量，不是有形的重量，而是无形的“情”。

没有人希望欠人情，没有人希望背负着人情债。有些男女，甚至会因为受不了爱人对他（她）太多情，而离开。

于是你该了解，为什么青玉租车，反而不见得讨好。

她可以租，但绝不能多说。不可说我自己坐不起，特别为夫人租。

因为夫人不会愿意领她的情。

相对地，人事命令还没发布，青玉又岂能在机场对夫人说所幸她和小陈马上就要去了？这是最犯职场忌讳的啊！

◎

这还不打紧，青玉更大的错，是在百货公司。当夫人自叹“哎呀！老脸了，还搽这些做什么”“你看，我这太阳穴两边，长了好多黑斑，眼袋也愈来愈大”时，想想，青玉当时是怎么答的。

她先说：“愈是老脸，愈要保养啊！”又说，“哎呀，黑斑不算多啦！我妈比你多多了！而且眼袋怕什么？美容手术，一下子就没了……”

乍看，青玉好像是在安慰郑总裁夫人，但换作你，你会怎么想？

郑总裁夫人会不会想：“你居然拿我跟你妈比，你把我看成几岁了？”

天哪！得罪女人还有比这更好的方法吗？

相反地，当时青玉如果说：“根本没什么嘛！我都看不出来，而且我比您小十岁，您看来还比我年轻呢！”是不是好听得多？

◎

更大的问题还不在此，而在当时夫人最后问的那句——

“你看，我真有眼袋，对不对？”

如果你够了解人性，应该知道夫人这时候的笑容里已经带有疑惑和怒火。

她疑什么？

她疑：“我果真让外人一眼就看出有皱纹和眼袋了吗？以前大家都不说，大家都骗我，现在眼前这个浑蛋，居然说我真有了老态。”

如果大家都骗她，而青玉说实话，青玉不是很好吗？

这也就是夫人发怒的原因了，她怒的是——

“你为什么说实话？你为什么不跟别人一样撒个小谎，让我高兴？你太不懂女人心理了！”

◎

何止女人如此？男人也一样！

我有个朋友去迪士尼乐园，回来说：“不得了！不得了！这两年美国太富裕了，大家都吃得太多，园子里放眼望去，全是胖子。”

问题是，果真如他所说吗？

他错了，其实不是美国的胖子增加，而是因为他自己胖了。他自己进入中年，日渐发福，正在努力减肥。他每天注意自己的胖，也就特别注意别人的胖。

当他看见别人比他胖的时候，他就开心。

◎

这就是人性，一种非常特殊的人性。

当一个人对你关心地说：“你好像头发稀疏了耶！早上起来，枕头上是不是有不少头发？”

你先看看，他是不是也已经开始秃，只怕他比你掉得更多。

如果真是，你不妨说：“哎呀！什么年岁了？当然掉了，我随它掉，秃头反而性感。”

你没有说半句假话，没有说自己“根本没掉”，但是给对方的感觉却好极了。

你难道会笨到说“我才没掉呢！你看！密得像二十岁的小伙子，我看你倒是有点秃”吗？

你若这么说，就犯忌了。

因为他原来希望借着你的“同病相怜”，来减少他自己的失落感，你不但没帮助他，反而加重了他的失落。

如果你接着跟他谈合作，好谈吗？

◎

一个总叮嘱你“你要吃 ×× 补品，要练 ×× 功”，然后说“我自己就吃、就练，而且是个见证”的人。

你注意，他八成不健康。

愈是强调“我好健康、我好平安喜乐”的人，愈可能是个“不健康、不平安喜乐”的人。

他要是健康快乐，他何必说呢？

同样的道理，如果有个朋友总是主动指导你夫妻相处之道，他讲的可能非常有道理，但是你千万不可因此而认为他的婚姻关系很好。

人因为“困”而“思”而“学”。

他可能正因为婚姻关系不好，所以朝思暮想，想出许多夫妻相处的方法。

如果那方法很管用，他不会主动对外人说。只有当你问他的时候，他才说。

当那方法不是多么管用的时候，他反而会主动地问你：“喂！你跟另一半好不好啊？你们说不说话啊？我跟你讲，夫妻到了中年，就得……才能维持……”

他说了一大堆，你猜，他的目的是什么？

往好处想，他希望你别走上跟他一样的路。

往坏处想，他想从你嘴里听到你也不好，于是他觉得不孤单。他也希望你试试他的方法，看那方法对你管不管用。

只怕他自己用了不管用，你用了管用，他反而更觉得失落。

◎

现在，我必须很大胆地把话题带到一个更尖锐的地方。

先让我说个故事吧！

某人有房招租。一对夫妻来看房子，某人问他们的职业。

对方答：丈夫的事情不固定，太太在教会工作，两个人都是虔诚的教徒。

某人心想：“冲那丈夫的工作不固定，我不能租，但是想想那太太在教会工作，二人都虔诚，我也是教友，就租给他们吧！”

某人点了头。

接着，那对夫妻又要求免押金，但是保证每月准时缴房租。

某人想了想，看他们一副好人的样子，又点了头。

第一个月，房钱拿了。

第二个月，稍迟，但也如数付了。

第三个月，那丈夫失业在家，欠了。

第四个月，那丈夫还在家，又欠了。

连欠四个月，某人冒了火，叫他们搬。

他们不搬。

某人要律师送出存证函，准备告进小法庭。

没回音，某人去看，没人应门，用备份钥匙打开门，早已人去房空。

某人想到那女人在教会工作，追去教会，教会说几个礼拜不见人了。

那对夫妻再也没在教会出现。

某人从此，也不去教堂了，他开始恨所有的教徒，说他们是“假冒伪善”。

◎

看了这故事，你说某人对吗？

他当然不对！因为他不懂人性，他不了解什么叫“人”。

每个人都是人，也都是平凡人。无论你做什么事、信什么教、讲什么道、教什么课，你都是个人。

是人就都有人性，有人性的光辉，也有人性的黑暗；有人性的崇高，也有人性的丑恶。

你的“性恶”总和你的“性善”交战。

譬如你的孩子，交了你不欣赏的男朋友，你气疯了，说孩子要是跟他交往，你就断绝亲子关系。

孩子不听，居然偷偷打好包，私奔了。

你果然要脱离亲子关系。

这时候，你的“性善”出现了，说“自己当年也是私奔的”，说“血浓于水”，说“自己该宽恕”。

你上教堂，在祷告时背到《主祷文》——“赦免我们的债，如同我们免人的债。”你“心里的交战”更强烈了。

于是，你一边祈祷，一边痛哭。

◎

现在，你说，你在祈祷之后是不是立刻会宽恕你的孩子？答案有两个——

一、你因为宗教的力量与反省而宽恕了。

二、你没能战胜自己的怒火，你还是没有宽恕。

这两个答案，也就说出了宗教的力量。

宗教可以帮助你做个宽恕人的人，也可能力量不足，结果，你还是你，你还是情断义绝。

问题是，如果你是前面故事中出租房子的某人，你去教堂，看见那恶房客一边祈祷，一边痛哭，你能因此说“看，他多虔诚！他不会骗我”吗？

当那房客仍然跑掉，你又能因此而怪罪教堂、怪罪神吗？

明朝洪自诚在《菜根谭》里说得好——

“谈山林之乐者，未必真得山林之趣；厌名利之淡者，未必尽忘名利之情。”

当你发现一个人总对你说要淡泊名利的时候，你千万别以为他真的恬淡寡欲。

他说不定正像郑总裁夫人，当她说自己老了，用不着搽保养品的时候，她正在拼一切力量来维持自己的青春。

愈是有矛盾的人，愈要挣扎。

你千万别见他挣扎，反而以为他没有矛盾。

愈是不快乐的人，愈说自己快乐。

你千万别听他说快乐，就以为他真的无忧。

只怕，他们更矛盾、更不快乐。

也只怕，当他们打完禅七，回来，因为能更冷静思考，于是大刀阔斧重整企业，减薪裁员。

你反而被裁员，走人了。道理很简单——

因为每个人都是人。人用人的方法去“写经”、去“解经”，宗教是为人服务的。它固然说是要带你上天堂，但更重要的是，它要帮助你在这个世界上活得更好。

宗教绝对可以改变人，但是它不能改变人性。

人性的“自私”与宗教的“大爱”挣扎，有成功，也有失败。

◎

写了一万多字，最后，我要强调：

有“善心”的人，未必有“善行”。他们常常是“只求独善其身，不能兼善天下”的好人，也可能是“知荣知辱牢缄口，谁是谁非暗点头”的乡愿。

反过来说：

“有善行”的人，未必“有善心”。

许多行善的人，是为了沽名钓誉，彰显自己有爱心、有财力；或者为了寻求内心的平静，取得净化的作用。

但是我们可以肯定地说：

有善行的人，即使是伪善，也比那些只有善心，却没有一点善行的人高明，因为——

无论如何，善行是真的。无论如何，他行了善。

◎

一个人，信什么、说什么，都不能成为神。

但是，如果你虽然不信什么、不说什么，却能做好事、做好人。就算你不能进天国，最少，你已经在这世间，以“向善”战胜了“向恶”。

心理学家说得好——

“一个没有任何信仰却能活得快快乐乐的人，就好像不吃任何药却能活得健健康康的人一样，毋宁说：他过得相当不错。”

有话要说

沉寂将近三十年的丁营长，突然打电话给记者，说他有话要说！

丁营长？老丁？那个退伍二十多年的老同事？当年一块儿喝酒、闲聊的老朋友？他有话要说？说什么？

老丁，这个当年的关键人物，经过时间的冲刷，原本早被遗忘，现在却渐渐浮上几个朋友的脑海。

“唉！怎能把这个老朋友冷落了呢？”王将军一早就轻车简从去找老丁，先交代侍从在山脚等，再一个人上山。老丁的门没关，正蹲在地上冲凉，差点泼了王将军一身水。

王将军走后不久，李司长也来了，居然百忙之中，陪老丁坐在门前的小板凳上，下了两盘棋。

山里的风带着草香、树香，穿过树梢发出沙沙的声音，使他们想起当年，一爬就是十几个山头，一打仗就是几天几夜不睡觉。刚捡回一条命，就摆下棋盘，开辟另一个战场。

棋没下完，商业巨子老周也来了，提着两瓶XO，爬一百多级石阶，老周已经喘得不成样子。老丁自己炒了两碟菜，三人就在门前的风里小酌。

“还是你过得惬意！”老周拍拍老丁，“三十年不见，只有你，能做闲云野鹤。”叹口气，“其实名利都是空的，不必计较太多。”

“老丁当年急流勇退是对的，算算几个兄弟，还就是老丁最够义气。”李司长举起酒杯，“过去我们太疏忽这个兄弟了，该罚该罚！以后老丁你要是有什么需要，包在我们身上！”

“可不是嘛！这儿不好住，干脆搬我那儿去，我在城里有栋房子，空着也是空着。”

老丁没答话，只是笑。隐居到这山里二十年，老丁很少这样笑了。

也可以说几个老朋友，都已经太久不曾这样笑了。笑得开怀，笑得放肆，好像要把一切是非恩怨都笑忘掉似的。

他们约定，由各人轮流做东，带着酒菜到山上聚会，为当年的老战友排解寂寞。

从此山上常有笑声传来。连在山下等待的司机和侍从们，都感受到这不平常的喜气。

临终，三个老朋友都守在病床旁边。

“谢谢你们！谢谢你们陪我度过最后的这些日子。”老丁气息已经微弱，“我没写什么，也早把当年的事忘了！我打电话给记者，只是想说‘我好寂寞，好想看看当年的老朋友’！”

心里有鬼的时候

有太多人，原先不作弊，只因看别人不劳而获，心里不平，由心痒到手痒，最后也“上了船”。

“不公平！不公平！”

你今天一进门就喊，原来是体育课考“仰卧起坐”，由学生自己做、自己数，再报给老师登记。

“好多同学根本做得不标准，还没坐起来，已经躺下去，还没躺平，又坐起来，也算。”你嘟着嘴说，“报的时候还偷偷加几个。害我跟他们比起来，好像特别差的样子。”

接着，你说了一堆同学作弊的例子，而且愈说愈气。

◎

孩子，你有什么好气呢？随着年龄增长，你可能见到的作弊会更多。因为小时候，学的东西少，大家很容易应付，上了高中，要学的知识愈来愈多，那些应付不了又希望拿好成绩的人就可能作弊。

我学生时代，也见过不少作弊高手，说几个给你听吧！

我高中班上有个同学，每次语文课考默写，他都早早到校，先用钢笔在桌子上抄一遍。

他不只写哟，写完之后还站在桌子上踩，课桌上蒙了一层灰，免得老师看见下面的字。等到考试的时候，考哪一段，他就对着那段哈气，已经干了的钢笔字迹，一哈气，就显现出来。有一回他哈得太凶了，监考老师还跑过去问他是不是哮喘病发作，要送他上医院。

提到监考老师，让我想起大学联考，有一题——中国最早的毛笔出现在什么时候？

我有个朋友，不会，就用手捅前面的人，一边捅一边小声问：“笔，什么时候？”

那被捅的，先不作声，接着把一支钢笔隔肩递了过来，结果被监考老师看到，我这朋友只好假装打开递来的钢笔，硬挤几滴墨水在自己的笔里。

偏偏他的笔已经满了，几滴墨水全滴在了考卷上。

◎

再说个更有趣的事给你听——

联考前，我有个同学做了个十分精致的不到四厘米宽的“旋风装”小抄，上面用工笔小字，写得密密麻麻。

我当时叹为观止，请他考完之后送给我收藏。

只是，联考完了，他却迟迟没给我。有一天，我问他要。

“扔了！”他一摊手。

原来，当他走出考场的时候，看见地上有张小纸片，拾起来，吓一跳，是个小抄本子，居然比他那个还精巧。

他一气，就把自己的小抄扔了。

好！爸爸的笑话说完了。

表面看起来，那些同学都很会作弊，但是你知道结果是什么吗？

结果是：

占小便宜，吃大亏。得不偿失。

大学联考做小抄的同学，考了三次，好不容易进了一所学校，却在毕业前两个月因为作弊被勒令退学。

爸爸的这些同学，我至今都有联系，甚至在写这篇文章之前，还打电话给其中一位，问他我能不能写。

他说可以，还半开玩笑地说了一段感性的话：

“其实何必作弊呢？作弊只是拿一时的分数，却没得到真正的学问。我后来想想，如果用做小抄的时间好好念书，恐怕分数还会高些，因为作弊紧张，看小抄都看不清，又一心想着作弊，原来会的也不会了。”他长叹道，“作弊真是害人不利己的事！如果我作弊得高分，让别人落榜，我是害了人；如果我作弊，不踏踏实实用功，学问不如人，是害了自己。”

◎

最后，我再讲两个新闻给你听——

第一个新闻：

美伊战争时，一个偷巴格达博物馆的男人被抓。

“我起先只是看别人抢、别人偷，愈看愈觉得手痒，于是也跑了进去，进去才发现贵重的东西全没了，只好随便拿了两样，结果进去最晚出来最慢，反而被抓。”那男人辩白。

他偷的东西虽不值钱，却被判了重刑！

第二个新闻：

几个就读于台湾“军校”的学生考试作弊被抓。

“大家都作弊，为什么就我们倒霉？”那几个眉清目秀，甚至得过楷模奖的准毕业生，在亲友的陪同下开了记者会，请求谅解。

但作弊就是作弊，他们还是被勒令退学。

◎

孩子，你知道我为什么讲这两个新闻吗？

有太多人，原先不作弊，只因看别人不劳而获，心里不平，由心痒到手痒，最后也“上了船”。

希望你能了解爸爸说这一番话的道理。我知道你不齿作弊，但不能不说这番道理，因为它可能让你受用一生。

情与诈

华灯初上，街角的面摊又开始忙碌起来，懒得烧饭的单身贵族纷纷报到。匆匆忙忙的主妇，更常来切盘卤味，以补晚餐的不足。

“老板，切五十块钱的猪头肉！”妇人说着丢过去一张百元钞票。

老板一边寒暄，一边提过肉，刀法利落，顷刻就是一盘。妇人似乎觉得切多了：“我只要五十块钱哟！”

“不要钱啦！老主顾，算我请的！”老板居然把切好的肉包起来，连那张百元票子一块儿递给妇人。

“这怎么行？一定要给钱！”妇人不好意思地把钱塞了回去。

“那就谢了！”老板接过钞票，“这儿正好是一百块钱的肉！”

妇人一怔，却不知道该说什么，只好转身走了。

重重的高跟鞋声远离后，有个客人看不过去地说：

“老板！你未免差劲，为什么使这种诈？”

“您误会了！我当时是不小心，没注意她只要五十块钱的，直等到切完一百块钱的，才听她提醒。既然切了，不好意思扣回，所以说送给她！”老板解释，“您是看到了，她自己硬要付钱嘛！”

客人想想有理：“我误会你了！”

“您客气！不过这年头，五十块钱能买什么东西？她好意思买，我还不好意思卖呢！”

都是人子

“我瞄准，扣扳机，然后就看见敌人无声地倒下，是的！那是无声！对我们双方都如此，因为距离远，他倒下的声音我听不见，而子弹飞得比声音快，只怕他还没听到枪响，就已经死亡。”一个狙击手说。

“当我扣扳机时，不会去想对方是‘人家的儿子’或‘孩子的父亲’，他只是一个‘目标’！”另一个狙击手说。

◎

飞机还没停定，飞行员已经在里面竖起了大拇指，又把拇指转朝下方，大家都笑了起来。记者赶到机旁采访：

“当你命中目标时，会不会有罪恶感？”

“不会！那是我的任务。”飞行员说，“我只会想，这将减少我弟兄的死伤！”

◎

在短短十五分钟的整补时间里，辛娣从一架 A10 型战机上取下空弹箱，她的丈夫艾伦·席克森立刻装上新的弹药。

“这真是个奇怪的婚姻，同营却不能同床。每天十二个小时并肩工作之后，各回各的营房。”席克森夫妇异口同声地说。他们是在美国的空军基地认识的，结婚不过一年。

“唯一希望的，是今年情人节，我们能一起为飞机挂上炸弹！”

这是他们共同的期望，作为情人节的庆祝。

◎

巴格达疑似军事指挥中心的建筑被命中了，特制的炸弹是在穿透几米厚的钢筋水泥之后，才爆炸的。

救援人员对着炸开的深洞，往里面喷水，火不扑灭是无法下去救的。

尸体一具具被拖出来，排在地上，盖着一张张花毛毯，有些毯子很小，下面的尸体也小，露出小小的手。

大批男人跑来认尸，捶打着自己的胸脯和地面哀号：

“为了安全，每天傍晚，我就把老婆和孩子送到这座掩体里，早上再接他们出来，怎知反而害了他们……”

◎

台视记者张雅琴到伊拉克采访，进入一户民宅，拍了他们家中的摆饰和生活情况。

采访播出时，我正在台北的一个朋友家做客。

“他们过得跟我们差不多嘛。”女主人说。

“他们也有小孩！”朋友上幼儿园的孩子说。

“他们也有父母，父母也爱他们的孩子！”我说。

◎

“现在的课愈来愈难教。”太太一进门就抱怨。

虽然是十三年前的事，我却记得很清楚，当时我问：“为什么难教呢？”

“因为学生会问一些我答不上的问题。”妻说，“尤其是陈若曦的文章发表之后。譬如今天有个学生冷不防地问：‘老师，为什么《耿尔在北京》里写到大陆同胞吃涮羊肉火锅，又说耿尔去买了巧克力、湖南腊肉和广式香肠？’另一个学生则问：‘他们是不是也有新衣服穿？’又有个学生举手：‘他们爸爸妈妈和孩子好像也住一块儿呢！’”

“你可以答：‘不住一块儿，怎么会有小孩啊？’”我说。

“那表示他们也有天伦之乐了？”

◎

三十年了，从中国台湾到美国，看了许多人世的浮沉与兴衰，报道了许多第一手消息，也看到那消息的背后。还是妻说得妙：

“你注意一下，同样由老人家带大的孩子，如果那孩子总说爸爸辛苦，必然是祖父母带大的；假使总说妈妈辛苦，一定是外公外婆带大的。”

教育的力量是多么大啊！人的心是多么小啊！

一双眼长在前面，无怪乎常见不到后面的东西。

便有那聪明人教我们看，看他们希望我们看到的。

谁不是从出生就开始接受指导，用他家族的眼、父母的眼、社会的眼、领导者的眼来看这个世界？

没有人真正的对，也没有人绝对的错。如果说错，错的是那个身处的环境，而环境是难以改变的。

于是，我们只有用那注定了的观点去否定敌人的观点，并为我们的爱摧毁别人的爱。

最记得赵滋蕃先生在《宋王台畔》那首诗里的一句话：

“误尽苍生的终究是权力之争！”

◎

海湾战争结束了。

电视上播出一辆辆被摧毁的坦克，如同非洲原野上因象牙而丧生的大象尸体。

“那些坦克里，原来大概也有人吧！”我八十岁的老母问。

“只怕现在还在里面。”

“都是人子啊！”

“都是人子！”

第四章

幽默常是最好的沟通

对那些不公平，你或是强力去抗争，如同美国黑人争民权一样，用上百年去争取；再不然你就要把那愤怒化成力量，在未来有更杰出的成就，以那成功作为“实力的证明”，也用那成功对你的敌人做出反击。

幽默常是最好的沟通

若问这世上最好的沟通方法是什么，答案应该是幽默。

想想，如果一个棘手的问题，能够用幽默的几句话，使大家会心一笑，就想通了，不是太高明了吗？

幽默，常常不面对问题，而采取迂回的方式，所以不会造成太尖锐的感觉。幽默也常是突然发生，出自一种机智，反映了幽默者的智慧，而令人叹服。

当人们叹服时，往往会对你产生好感，也容易接受你的意见，所以在西方社会，幽默感被认为是一种杰出的能力。

让我们透过许多幽默的例子，来谈谈幽默的沟通吧！

机智的哲学家

一七二七年英法战争，偏偏法国著名的哲学家沃泰尔（Voltaire）正到英国旅行，落在了愤怒的英国人手里。

“把他吊死！把他吊死！”英国人喊着。

沃泰尔被抓起来，带上绞刑台。幸亏他的英国朋友赶来，大叫着：“他是学者，不参加政治，不能把他处死。”

“但他是法国人！”愤怒的那群人吼道，“是法国人就该死。”

两边正争执不下的时候，沃泰尔举起双手，说：

“能不能让我这个要死的人，说几句真心话？”

场面一下子安静了。

“各位英国朋友！”沃泰尔对着群众鞠了个躬，“你们要惩罚我，只因为我是法国人。但是各位想想，我生为法国人，却不能生为高贵的英国人，这件事，对我的惩罚还不够吗？”

英国人全笑了起来。

沃泰尔居然被放了。

机智的宰相

皇帝久病，这一天突然病情好转，精神大振。他已经许久不问政事，心中焦急不已，立刻召群臣进殿。

京城的大道上，奔过一辆又一辆的马车。群臣都以最快的速度赶去，唯恐慢人一步。大家都要向皇上叩贺龙体康泰。

偏偏身为宰相的，最后一个到达。

皇帝火冒三丈。

“朕今天好不容易舒服些，召你们来，你身为宰相，反而迟到，你难道不为朕高兴？你是何居心？”

“请皇上息怒！”宰相居然从容不迫地说。

“皇上，您久病，举国上下都为您忧心，突然看见各官员的马车，急急忙忙地往宫里来，马儿飞奔得烟尘飞扬，百姓的心里更是猜疑不安了。”宰相趋前一步，恭敬地说，“所以臣特别叫车子慢慢走，做成很从容的样子，一下子，百姓们都由忧转喜，现在举国都要为您龙体大安庆祝了呢！”

原来怒气冲冲的皇帝，突然间气全消了，笑道：

“宰相毕竟是宰相，爱卿的格局真是不凡。朕没看错人哪！”

奉屈原之命

宫里的弄臣得罪了皇上。

“把他扔到河里！”皇上大吼，“不准他上来。”

扑通一声，侍卫把弄臣狠狠丢进护城河里，看样子弄臣非死不可了。

“咕噜、咕噜！”河面冒着水泡，隔了一会儿，弄臣居然浮出来了，往岸上爬。

“谁叫你往上爬？”皇上怒气未消。

“叩禀皇上，君要臣死，臣不敢不死，可是在水底下看到屈原，他叫臣快上来。”

“屈原？”皇上一愣，“他说什么？”

弄臣扒着岸边，一边吐着水，一边说：

“他说，他不幸遇到坏主子，所以不得不投江；可是臣这么幸运，有您这样的明主，怎么也下去了呢？所以叫臣快滚。”

皇帝大笑了起来：

“说得好！说得好！快把他拉上来吧！”

何不早说

有一个贵妇自恃财大势大，居然要请著名指挥家托斯卡尼尼（Toscanini）在她家的花园宴会上演奏。

“可以。”托斯卡尼尼在电话里说，“一万美元。”

“笑话。”贵妇狠狠地挂上了电话。

一万美元，在当时真是了不得的数字，托斯卡尼尼显然是喊出一个不可能的数字反击那位贵妇。

但是才隔两天，贵妇又打电话给托斯卡尼尼。

“一万美元就一万美元。”贵妇存心给托斯卡尼尼难堪，“但是有个条件，你只准演奏，不准跟我的宾客们寒暄。”

“什么？”托斯卡尼尼叫了起来，“您为什么不早说呢？如果能不跟您那些宾客说话，只要五千美元就成了！”

交换礼物

第二次世界大战，德国军队虽然不能开入中立的瑞士，但是眼看那么多犹太人跑到瑞士避难，德国的边界指挥官心里实在火大。

有一天，德国兵奉命把一个包装得非常漂亮的礼盒送过边界，呈给瑞士的指挥官。

指挥官小心翼翼地打开礼盒，里面装的居然是一大堆马粪。过了一天，一名瑞士的士兵，也送了个漂亮的礼盒给德国的指挥官。

德国指挥官笑着挥挥手："打开来看看！"

德国兵把礼盒打开，居然不是马粪，是一块上好的瑞士奶酪。

"里面还附了一张字条。"德国兵把字条交给指挥官，上面写着——

"遵照贵国的习俗，我们也恭奉上敝国最好的产品。"

一群鬼灵精

"听说老师这次旅行不带牛肉干，要带巧克力。"有人跑进教室，"我看见她向福利社打听价钱呢。"

"完了！完了！"大家都叫了起来，尤其是几个胖妞，"我们最怕巧克力了。"

"是啊！而且我听到福利社老板说的巧克力的价钱，比牛肉干还贵。”打探到消息的女生说。

“可是怎么办？又不好跟老师讲，叫她换牛肉干，多丢人。”

一群女学生聚在一起，总算研究出个办法。

老师进来了。

有人举手：“老师，今年班上旅行，您千万别再带其他吃的东西了。我们全班那么多人，太破费了。”

又有人举手：“是啊！而且去年老师带的牛肉干好好吃，我们一辈子都忘不了。这世上没有比老师买的牛肉干更好吃的东西了……”

全班都附和。“我知道了。”老师笑笑，指指这个，又指指那个，“你们这些鬼灵精。”

脚底抹油

小刘长得仪表堂堂，又代表公司去祖国大陆谈生意。

事情谈成了，当晚，对方公司的几个漂亮女生居然要一起请小刘吃饭。

向来惧内的小刘心想：“不妙，那批女生很厉害，我去还是不去？”他灵机一动，说：“好啊！还是由我请吧！就在我旅馆楼下的餐厅。”

女生们答应了。小刘暗自得意：“留在旅馆里，总比出去，人生地不熟的，多些把握。”

大家吃得很开心，聊天聊到十点。女生居然意犹未尽，起哄说：

“你请完，该我们请了，我们带你去酒吧……”

“真的啊！”小刘故作兴奋地说，“为什么不早说呢？”接着看看表，笑道，“看样子，我还得专程再来一趟北京了！”

女孩子们倒也聪明，笑笑：

“好啊！改天我们去台北请你。”然后，高高兴兴地道别了。

傻人的聪明话

公司里热门部门的经理出缺。

部门里全是一等一的人才，大家争得头破血流。

最后，居然来了空降兵，由别的部门调来了小王担任新的经理。

小王上任那天，大家摩拳擦掌，准备给小王一点颜色。“凭什么让一个外行人来领导我们。”几个原来争权的主管，居然团结在一起。

小王在就职会上致辞了。他笑着深深一鞠躬：

“在下能到这里来，全要感谢大家。第一，因为这里的能人太多，据说升谁当经理，都是一种不公平，所以按照历史的定则，找我这么一个有傻福的傻人来。”

哄起一团笑声。小王继续说：

“傻人就像个蜡烛的芯，看起来最亮，又站在蜡烛的最高点、最中心。其实啊，他最惨！他是被烧的，烧得焦黑焦黑。你们看看我这么瘦，能烧几下啊？”

大家又笑了。

小王再一鞠躬：“最重要的，是蜡烛芯自己不能烧，全靠四周的蜡油。所以，拜托！拜托！各位先生，我全靠你们了，请大家帮忙，别让我给烧焦了！”

一屋子人都笑弯了腰，把要修理小王的事全忘了。

谁是老大

一对双胞胎吵架，眼看要干起来了。

“为什么吵？为什么吵？”妈妈赶来。

“大家都说他是哥哥，我是弟弟。”弟弟哭着，“他为什么要比我先出来？才五分钟，就做了哥哥。”

“你怎么这么说呢？”妈妈笑笑，“你们两个都在妈妈肚子里住得好好的，为什么他先出来？是因为你踢他，他让你，所以他不得不出来啊！”

弟弟高兴了。但是哥哥又火了：

“原来我是被他踢出来的，他害我不得不离开妈妈的肚子。”

“不！这又是你不对了。”妈妈回头安抚哥哥，“你怎么不想想，妈妈肚子里那么好，为什么弟弟还要出来？”

“我不知道！”哥哥说。

“因为他舍不得你，看你出来，他一个人待在里面没意思，所以跟着你出来了。”

两兄弟想想，可不是吗？高兴地拉着手，去翻糖罐子，吃糖了。

但是才一下，又吵了起来。

“又为什么吵？”妈妈再赶了过去。

“他多拿了一颗。”哥哥指着弟弟说，“我才三颗，他拿了四颗。”

“真的吗？”妈妈叫弟弟张开手，果然有四颗。妈妈赶紧抢走了一颗，弟弟的脸色立刻变红了。

“这颗糖也不是哥哥的，你们一个人三颗，不多也不少，多的这颗是妈妈的。”妈妈说完，嘴一张，吃下了那颗糖。

两兄弟愣了一下，想想妈妈真对，不吵了，都笑了。

我是第一人

美国太空人登陆月球，是阿姆斯特朗（Neil Armstrong）和奥尔德林（Edwin Aldrin，Jr.）两个人，可是最先踏出第一步，被歌颂为“一个人的一小步，整个人类的一大步”的，是阿姆斯特朗，不是奥尔德林。

返回地球的记者会上，有人问奥尔德林：

“你会不会觉得很遗憾，由阿姆斯特朗先下去？”

场面突然变得很尴尬，连阿姆斯特朗的表情都不自然。

奥尔德林居然脸色没变，只是轻松地笑笑：

“你们要知道，当我们回到地球，第一个爬出太空舱的可是我啊！”看看四周上百位记者，“我是由别的星球过来，而且是踏上地球的第一个人哪！”

全场的记者都笑了，笑着报以如雷的掌声。

看了这么多幽默的小故事，您有什么感想？

幽默可以救命，可以还击，可以交友，可以解围。

中国人在过年打破东西时说“碎碎（岁岁）平安”，是幽默；在劝架时说“不打不相识”，是幽默；在夫妻吵架时说“床头吵，床尾和”，也是幽默。

但是，这些已经用了几百年，甚至上千年的句子，不是曾为我们缓和许多场面吗？

我们能不佩服最早发明那些句子的人吗？

幽默，是智慧的灵光，也是一种能够留传的“智慧财产”啊！

谁的星座最相合

双鱼座爱幻想，巨蟹座最爱家。一个爱漂泊，一个爱安定，看起来恰恰相反，却可以互补。

◎

今天我们去吉卜赛人的店。

店里摆了好多稀奇古怪的东西，爸爸给你买了一颗幸运石，又买了三张书签。

那书签是用激光制作的，从不同角度看，能呈现三维空间的效果。你的书签上是个抱着瓶子倒水的人，妈妈的是个大螃蟹，爸爸的则是两条小鱼。每幅图画下都写着密密麻麻的字，大概是形容那个星座的人吧。

◎

“我属于很有主见，而且喜欢帮助人，又擅长数字、科学的星座！”你得意地对我说。

可是隔一下，你又跑来很不解地问：“奇怪了，为什么这上面说跟我最好的星座是双子座和天秤座呢？我的同学珍妮就是双子座，我不喜欢她，还有玛丽是天秤座，我也不欣赏。”

“双子座有什么不好？”爸爸问你，“他们非常聪明，口才又好，只是可能因为太聪明，容易改变兴趣。”

“我不喜欢变来变去，我很专心。”你噘着嘴说。

“所以你们做朋友最好啊，一个专心，一个变化。在一起，既不会太死板，也不会太不安定。”爸爸又问你，“天秤座有什么不好呢？像你哥哥就是天秤座，他们特别守法，适合当法官，只是有点太‘平’了，常常动不起来，有点懒。”

“对啊！”你叫起来，“我那个同学就懒。”

“她懒你不懒才好，”爸爸说，“你才能推动她啊，就好像我是双鱼座，你妈妈是巨蟹座，双鱼座爱幻想，巨蟹座最爱家。一个爱漂泊，一个爱安定；看起来恰恰相反，却可以互补。于是漂泊的人有一个爱家的人盼着、守着，那个不爱旅游的人，又有个爱漂泊的人牵着四处走走，不是太好了吗？”

◎

孩子，什么叫朋友？朋友不见得是跟你完全一样的，他们反而常跟你相反。

你或许爱山，朋友可能爱海；你的窗子或许朝东，朋友的窗子可能朝西。你们在一起就能又有山又有海，同时欣赏两种全然不同的风景了。

孩子，你知道有人到犹太传统教派的地方做研究，发现在大舞会里，彼此吸引的男孩和女孩，往往是血缘关系最远的吗？

莫名其妙地，他们就会彼此欣赏。

研究的结论是，在那个封闭的社会当中，因为跟外界的接触少，血缘往往比较接近，为了优生，自自然然地会找那些血缘差异最大的人做朋友。

终身伴侣，都会不知不觉地找那差异大的，凭什么朋友之间不能有很大的差异呢？

◎

没错，我们都喜欢那些与自己志同道合的人，大家喜欢同样的食物，有着同样的兴趣。

但是，你会发现当有一天，你遇到个跟自己完全不同的人：他可能来自得克萨斯州，爱骑马；他可能靠近墨西哥，爱辣死人的TACO（墨西哥风味菜）；他又可能来自波多黎各，喜欢西班牙式的乡村音乐和嘉年华会。

你起初觉得你们距离太大了，合不来，但是相处久了，就会发现，原来他们的食物、他们的世界也这么可爱。你会发现你的生活一下子更丰富了，你的世界一下子变大了。如此说来，他们不是你最该交的朋友吗？

记得你一两岁时，我们住在湾边的邻居是希腊人，他们总把希腊音乐放得好大声。

我们刚搬去的时候觉得烦死了，总奇怪，那么没变化的，叮叮当当、哼来哼去的音乐有什么好听？

可是听久了，愈来愈顺耳，愈来愈听出其中的奥妙，愈来愈觉得美了。

也记得爸爸教美国学生国画时，常一边画，一边哼中国流行歌曲。

有一天，有个学生很得意地说："老师，我昨天好神气哟，我去唐人街吃饭，餐馆里播中国歌，每一首我都能跟着哼，我的朋友都惊讶极了。"

原来学生们跟在我旁边，听久了，也会哼了。

他们能画地球另一边的中国画，又能欣赏中国歌，不是生活也变丰富了吗？

◎

说了这么多，相信你已经了解，为什么星座里最相合的，不但不是完全一样的，还常常是相反的。

你也该知道，这世上每个人都可以做朋友。每个人都有优缺点。你的短处可能正是别人的长处，别人的短处又正好是你擅长的，于是彼此帮助，更能成功。

希望你听了我这一番话，能试着去了解那些跟你不同的人，从他们身上看到你缺少的特质，也用你的长处帮助那些人。

向远方挥挥手的时候

我要弟弟写封信给妈妈，把心里想要对妈妈说的话写下来。我希望趁他对妈妈还有记忆时写下来，以后大了可以看，把妈妈永远留在心中……

◎

对远行的亲人挥完手，就回头搂搂身边的亲人吧！

今天是奶奶的祭日。

所以爸爸一早就把大厅桌子上的东西挪开，先摆两瓶鲜花，再将奶奶的照片放在中间。然后，公公、婆婆、爸爸、妈妈和你，一起在照片前面鞠了三个躬。

奶奶逝世已经三年了，就在三年前的今天傍晚，九十三岁的奶奶，永远地离开了我们。

◎

中国人管死人的生日叫“冥诞”，称先人逝去的那一天为“忌日”。爸爸觉得忌日比冥诞来得重要，因为奶奶生的那一天，我还没来到这个世界，奶奶死的那一天，我和你妈妈都到了她床前。

同样的二月，同样的十八号，也就有着同样冬天的寒冷和短短的日照，连公路上萧疏的景象都跟三年前一样。所以，忌日使我们更能回想起当时的情景，使我们更能回想到当年的伤心。

对的！回想到当年的伤心。有时候，我们要忘掉不好的往事，有时候却要重温碎心的一刻。

就在不久前，我收到一个马来西亚高中女生的来信，她的妈妈死了，弟弟只有六岁，你知道她要弟弟做什么事吗？她叫弟弟擦干眼泪，用笔写下当时的心情。

“我要弟弟写封信给妈妈，把心里想要对妈妈说的话写下来。我希望趁他对妈妈还有记忆时写下来，以后大了可以看，把妈妈永远留在心中……”那女生在给我的信里这么说。

我一边看她的信，一边掉眼泪，立刻回信给她，说才失去母亲不久的我，可以感受到她的伤恸，更惊讶以她那么小的年龄，居然会想到要弟弟记下心情的方法。

所以，“忌日”也是“记日”，是让我们加深对死者记忆的日子。随着岁月流逝，当我们对死者的印象逐渐淡忘的时候，如果能利用每个忌日想一想，那记忆就能停留得更长久。

◎

亲爱的女儿，当你走过奶奶的照片的时候，就驻足看看奶奶吧！那是奶奶到华府旅行时在国会大厦台阶上拍摄的。当时她八十八岁了，还很能走，你瞧，她笑得多开心。

也利用这一天，在你的脑海里找奶奶的影子吧！跟那马来西亚小男孩一样。奶奶死时，你还太小，只怕以后记忆会愈来愈模糊，所以应该趁着奶奶逝世才三年，想办法加深对奶奶的印象。

想想奶奶怎么疼你，想想奶奶每天一大早，怎么和婆婆一起把你的小床推到她的房间，照顾你；想想你到医院看奶奶，奶奶临终睁开眼，看到你的那一刻；也想想你那天才坐进车子就失声痛哭。

◎

当然，我不是要你再去哭。落泪的日子过去了，我们已经从丧亲的悲痛中走出来。就好比我们卷起袖子，看以前受伤的疤痕。那疤痕不再痛，但能使我们回想到受伤的一刻，也在心里告诫自己，下次要小心了。

亲爱的小丫头，你知道要告诫自己的是什么吗？

是当你留不住奶奶、因奶奶逝世而悲伤的时候，要想想还有公公、婆婆在眼前，甚至想想有父母在身边，好好把握机会，多跟我们聚聚。

唯恐以后散了，今天就多聚聚吧！

对远行的亲人挥完手，就回头搂搂身边的亲人吧！

这才是在奶奶的忌日里，你真正应该学习的啊！

当偶像摔倒的时候

每个人都可能戴上冠冕，每个人也都会摘下冠冕，但是不努力就戴不上冠冕。

不戴上冠冕也就谈不到摘下冠冕。

◎

今天晚上，你掉了眼泪，我和你妈妈低了头，来打球的王伯伯、王妈妈也很沮丧地离开。

因为，参加冬季奥运会的关颖珊摔倒了，不但摔掉了金牌，而且一下子落到第三名。

其实在赛前好几天，我们就为关颖珊操心，猜想她的心理压力有多大，怕她又像前几年有一阵子，不断地摔倒。

我甚至说，实在受不了那种紧张，不打算看决赛。妈妈则笑着说，如果是你参加比赛，只怕我会在场边晕倒。

◎

可不是嘛，我们为关颖珊紧张，也是为她的紧张而紧张。我们知道，奥运金牌是她梦寐以求的。她已经拿了四届世界花样滑冰赛的冠军，就欠这一枚金牌了。她也眼看就在上届奥运会拿到冠军，偏偏跳出一个利平斯基，以些微的优势把金牌抢走了。

我们为关颖珊紧张，也因为她是华裔，她的成功不仅是美国的成功，也能证明我们华人的杰出。我甚至猜想，中国大陆和台湾的许多朋友一定也在看这场比赛，为她紧张、为她祝福。

所以，今天晚上，当我们一屋子人都在关颖珊摔倒的瞬间大叫之后，我说："如果把全世界为她惊叫的声音加起来，连一座山都会被震动。"

◎

可不是嘛，虽然关颖珊是华裔，但在美国人心中，她已经超越了种族的界限，如同提到鲍威尔将军，没有人会想他是黑人。这次虽然得到金牌的也是美国人，但在大多数美国人的心底，可能都盼望关颖珊获胜。

所以，今天不仅全世界的华人为关颖珊叹息，美国民众也一样为她惊叫、为她伤心。

不知道你有没有想过：为什么美国人这么偏爱关颖珊？为什么上次明明是利平斯基得金牌，却由关颖珊代表去白宫？又为什么明明是美国白人莎拉·休斯（Sarah Hughes）得金牌，许多白人却若有所失？

这是因为关颖珊已经成为大家生活的一部分。过去六年来，大家看着她成长，看着她以最小的年岁在冰场打败老将，然后一步步攀上巅峰。大家也看着她高低起伏，有时轻盈飞扬，有时又连续摔倒。

也就因为我们跟着她一起走过这许多欣喜又辛酸的岁月，使我们能用自己的心想她的心，想她梦寐以求的就是那枚奥运金牌。

同样地，我们也承担了她的压力。因为换作任何人，面对这一生最重要的目标，肩负几亿甚至十几亿人的瞩望，都会受不了，都会怯场，都可能出错。

◎

花样滑冰真是世界上最出不得错的运动。在田径场上，你可以在紧张之下，用尽全力，反而打破纪录。在花样滑冰赛场上，你却不能多用半分力量或少用半分力量，因为那一点点的差异，就会使你摔倒。

怪不得有评论员说，这次得金牌的莎拉·休斯，是赢在别人的失误中。当关颖珊、斯卢茨卡娅都有失误的时候，才十六岁的莎拉·休斯却没有半点闪失，而且做出了破纪录的三周接三周跳（triple-triple）。于是，她由原来的第四名一下子跳到了第一名。

但是，如果换一个角度想，当别人失常的时候，莎拉·休斯能不失常，不正是她成功的原因吗？

她可能因为是初生之犊，也可能因为没有心理的大包袱，只抱着来得个经验的想法，反而能有平常心，表现了超水准。

你回头想想，当年关颖珊同样十六岁的时候，她不是也像今天的莎拉一样，把许多冰场老将都打下去了吗？

过去她赢了，赢了一次又一次，那每一次赢也就成为她下一次的心理压力。她再赢，不算稀奇；她不赢，就是退步。算一算，她能参赛到今天，二十一岁，还总站在世界的巅峰，不是已经很了不起了吗？

◎

孩子，中国人常说“长江后浪推前浪”，意思是后起之秀总能取代前一辈。所以当你小的时候，要有“舜何人也，予何人也，有为者亦若是”的想法；当有一天，你成为老将，又必须接受一个现实，就是“江山代有才人出”，总有晚辈会超过你。

媒体是现实的，今天的电视上，在关颖珊失利之后，镜头就转向了莎拉·休斯，拍她在休息室等待，以及知道获得金牌与家人和教练拥抱的画面。电视也插播了她小时候的家庭录影带，五岁就上冰场的莎拉，居然对着镜头说“我等不及要参加奥运，得冠军”。

接着，电视又转到场内，拍关颖珊家人黯然神伤的画面，还有关颖珊噙着泪水，勉强做出笑容的样子。关颖珊也接受了记者的访问，令人佩服的是，她没有一点怨言，只淡淡地耸耸肩：

“这就是人生，今晚并不属于我。”

◎

孩子，她说得一点没错，这就是人生！

这是一个充满希望、充满挑战的人生。每个人都能在小小年纪立下志愿成为世界上最棒的人；那些世界上最棒的人，又都有一天，会从他们站的巅峰走下来。

每个人都可能戴上冠冕，每个人也都会摘下冠冕，但是不努力就戴不上冠冕，不戴上冠冕也就谈不到摘下冠冕。

孩子，别为关颖珊伤心了吧！你应该为她庆幸，她才二十一岁，只要她肯拼，下一次，甚至下下次的奥运会，她都可以卷土重来。

你也应该为她庆幸，只有今天没能属于她，过去她已经拥有太多“属于她的日子”。这次的挫折，绝对不会影响她在人们心中的地位。

而你，你是跟莎拉·休斯在同一个冰场溜冰的，你曾听她说她从小的偶像就是关颖珊，而今她居然能打败她的偶像。你是不是也应该立定你心中的志向，满怀信心地向前走去呢？

你会不会说话

昨天晚上，我太太拿电话账单给我看。

“瞧瞧，儿子在我们去欧洲的时候，打了多少长途电话。”她指着其中一项，“单单这一天，这一通，就打了一小时四十分钟。”

“什么？这还得了。”我跳了起来，“我得好好训训他。钱是小事，时间是大事，如果回学校，还成天打电话，怎么念书？”我立刻准备上楼去说他。可是才站起来，又坐下了，我想自己在气头上，还是不说的好。而且儿子这么大了，我要说，也得有点技巧。

如果是十年前，我会对他大声吼：“你为什么打这么多电话？还念不念书？”

如果是五年前，我会挂着脸说：“少打长途电话，又贵，又误事。”

但是昨天晚上，我想了想，把话忍到今天，中午在吃饭的时候，对儿子笑笑地说：“你马上回学校了，查查资料，找一家长途费率最低的电话公司。”然后，又来个急转弯，“咳！其实你上博士班，恐怕也没时间打，我是多操心了。”

“是啊！是啊！”他不好意思地说，“你是不是看到了我上个月的电话单？那阵子因为要回台湾，一大堆事急着联络，所以确实打多了。”

吃完饭，我很得意，觉得自己把要说的“省点钱、少打电话，别误了功课”这些话，全换个方法说了，却没一点不愉快。

哪壶不开提哪壶

很多人说我讲话有技巧，其实我以前常说错话。

有一次，我拿个题目请教研究所的教授，故作谦虚地说：“我真差劲，这种东西都不知道，您能不能告诉我？”

老教授看看题目，一下子脸红了，很不高兴地说：“我也很差劲，我也不知道。”

我发现自己的谦虚，成了对教授的讽刺。

大学时代，就更糟了，有一回我的教授正得意地说他怎样把乡下不识字的老妻甩掉，换成名门闺秀，又炫耀他这大学校花的妻子有多么漂亮的时候，我却举手问：“老师，您乡下的太太，现在怎么样了呢？”

老师一下子铁青了脸，沉沉地吼道：“不知道！”

我发现自己是“哪壶不开提哪壶”，当面给了老师难堪。

还有一回，课上老师谈到伟人，于是问大家：

“什么是伟人？”

我立刻举手，大声说：“伟人是要吃饭的。”

我的教授跳了起来，认为我存心捣蛋，大声问我：“你这是什么意思？”

“老师您别急，”我赶紧站起来说，“我是用伟人和圣人、仙人做比较。仙人无私欲，不食人间烟火；圣人能超越人性的弱点，但是要食人间烟火；至于伟人，则是有伟大的功业，却不能超越人性弱点，而且要食人间烟火，也就是要吃饭。”

“你刚才为什么不这么答，却倒着冒出一句？”教授转怒为笑，“你这样说话，会吃亏的。”

看看！我多不会说话。

倒着说话的人

但是你知道吗，这世上不会说话的人可多了，连领导者都可能犯我刚才“倒着说话”的毛病。

记得我做电视台记者时，有一回发生了大灾难，某领导发表谈话，当我全场拍摄下来，拿回办公室剪接的时候，把同事吓了一跳。

只见领导说：“今天碰到这么大的灾变，本人感到非常高兴。”

由于我把影片的声音放得很大，同事全跑了过来，我便继续播放他的下一句：“因为大家都能处变不惊、庄敬自强。”

当时如果我只剪他前两句，放在新闻里播出去，岂不是要众人哗然吗？

怎样对孩子说话

说话真是大学问。美国的小学，甚至会教家长怎样对孩子说话。

譬如孩子上幼稚园的时候，学校告诉家长：“如果你孩子在做危险的动作，你不能对他吼‘你不要爬那么高’而要给他明白的指示——‘快一点下来’，因为幼儿不容易听懂‘责难式’的句子。”

小学三年级，学校又告诉家长：“孩子的美术作品不够好，你不能说‘你画坏了’，而要说‘你想想，是不是还能改进些’；而当孩子的功课做错了的时候，你最好别说‘你错了’，要很委婉地讲‘你检查一下，有没有照老师指导的方法去做’。”

“永远不能伤害孩子的自尊。”学校的老师说，“如果在孩子成长的过程中，你都能用很正面思考的方式对待他，他将来也会以正面的方式对待别人。相反地，如果他从小接触的就是恶意的、否定的言辞，他将来也会以‘负面思考’看这个世界。”

说正面的话

“用正面思考面对世界。”这是多好的一句话啊！我发现生长在不同环境的人，遇到同一件事的时候，确实可能说出完全相反的话。

当我告诉朋友，儿子已经十六岁，妻又怀了孕的时候，正面思考的人会问：“你儿子有没有很兴奋？多棒啊！他不再孤单了。”负面思考的人会问：“你儿子会不会吃醋？”

当我刮胡子刮伤的时候，正面思考的人会问：“是不是太赶了？

刮胡子刮破了！”负面思考的人会很戏谑地说：“哈哈！小心一点，是不是被女人咬的？”

我真是非常不解，为什么我的美国朋友总用前面的方式问话，而我的同胞，那么“异口同声”地采取负面的思考。

难道正如学校老师说的，我们从小听惯了负面的言语？

幽默不能伤人

我相信西方社会在说话时的讲究，也是慢慢发展出来的。

很明显，早期西方许多文学家、政治家，被人传诵的幽默故事，从今天的观点看，就有失厚道。

譬如当一个胖女人赞美萧伯纳，问他怎样保持身材的时候，萧伯纳说：“有个好方法，但是只怕你不会做，因为对你而言，‘劳动’这个词，实在太陌生了。”

又譬如当丘吉尔有一次喝醉酒，走在街上，被一个老女人骂的时候，丘吉尔说：“明天早上，我就不再是这个醉相；可是明天早上，你还是这么老丑。”

他们这些话，怎能称得上幽默？根本是一种恶毒的伤害。

倒是我最近在《读者文摘》上看到一个笑话，说得真好，大意是——

一个丈夫四处找东西找不到，叫太太帮忙，太太一眼就发现了，于是指着丈夫的眼睛说：“上帝给你这么好的东西，你不用。”

丈夫笑笑，指着太太说：“上帝给我这么好的太太，我正在用。”

请问，那太太当时再忙，听到这句话，不是也会开心吗？

说话的原则

各位年轻朋友，你会不会幽默？让人既能领略你真正的意思，又能欣然快意、余味无穷。

抑或你只是用许多综艺节目中，嘲笑对方胖矮丑怪的方式，来博得大家恶意的喧笑？

你会不会用正面的方式说话？

当别人打破了玻璃，你会关心地问：“有没有受伤？”还是幸灾乐祸地起哄：“你糟糕了！”

你知不知道，说话的技巧其实不难，最重要的是——

要真诚地关怀。双眼看着对方，急话缓说，坏话好说，狠话柔说，大话小说，气头上不说。

你尤其要记得——

可以说人的不是，不可伤人的自尊。

可以公开地赞美，总要私下地责备。

无违与无劳

某日我到朋友家做客，主人夫妇和他们七十多岁的母亲，一块儿陪我聊天。谈话不久，我这位朋友突然起身到老夫人面前，低声问："娘！您是不是能为我们煮壶咖啡？"老夫人毫不犹豫地点点头，就转身进去了。

这时我觉得很不安地说："劳伯母为我们煮咖啡，这怎么好意思呢？还是不要了吧！"

"我想你嘴上不讲，心里一定觉得奇怪。"朋友看着我，"你八成责怪我放太太在旁边，为什么反而劳驾年老的母亲，对不对？"

我点点头。

"我这样做，在外人看是不够孝顺，岂知这正是我尽孝的一种方法。"他笑道，"古人讲孝，要无违、无劳。这当然对，但是而今却有许多人把无违和无劳的意义弄错了。譬如'无违'，是顺从的意思，不违背父母之命，有人固然在家里能做到'父母说什么，是什么；要什么，有什么’；晨昏定省、甘旨无缺。但是在外面却不行正道，与人争凶斗狠、花天酒地、贪污渎职。一旦出事，不但自己倒霉，还殃及子女，祸延父母，这怎能称得上‘无违’呢？

“再说‘无劳’，有些子女，双亲年岁还不大，就派专人伺候，使父母出门必有车，下车必有扶，落座必有茶，伸手必有烟，可以说真正做到了无劳。但是他们是否想到，不使父母有丝毫劳动，反而使老人家的筋骨软弱，抵抗力更差了呢？

“相反，有些夫妇二人都在外工作，又雇不起人，而将家庭和幼子交给父母照顾，使得老人家忙里忙外，非但谈不上‘无劳’，反而是‘有劳’了。但是父母因为家庭和乐，既见子女在外面事业顺利，又见孙子孙女在自己手中成长；既不因年老而自觉无用，反因充满盼望而益发硬朗，这结果岂不更好吗？

“所以，‘无违’不单在消极方面，要不违背父母的意思，在积极方面，更当做令父母高兴的事。‘无劳’不单要避免父母做太重的工作，更当使他们不劳心、不劳神，乃至不觉其劳，自信能劳。

“既然如此，‘无违’就成了‘如愿’，使父母事事合意，且对子孙的未来充满希望。‘无劳’则成了‘无老’，使父母毫无年老无用之感，而能长寿不老。这岂不就是孝的最高目的吗？”

◎

“你的这番话，真是太有道理了。”我说，“可是，这与你请伯母煮咖啡有什么关系？大嫂现在没事，你何不劳驾大嫂呢？”

我这位老友神秘地笑了笑，低声道："你应该问我为什么不爱喝太太煮的咖啡，而只欣赏母亲的手艺！她老人家把我从小带大，在她心中，我永远是个孩子，就算而今成家立业，还是离不开她。但我外面的事业，她老人家帮不上忙，所幸我还有两件事情，谁也无能为力，非求她老人家不可，这正是她高兴和得意的地方啊！所以就算我太太会钉扣子，我还是请母亲缝，并说她老人家缝得结实；就算我妻子会煮咖啡，我还是要请母亲出马，并表示只爱喝她老人家做的……"

◎

这时，老太太在媳妇的协助下，已经端着咖啡出来。我这位朋友赶紧趋前接过，并赞叹地说："娘煮的咖啡，不必尝，只要闻一下就知道不同，真是太香了！"

"我这个宝贝儿子，讨了媳妇，还非得喝老娘煮的咖啡，真是从小惯坏了啊！"老太太对我笑着说，笑出满脸的皱纹和深深的母爱。

换心人的心事

小林住进这个病房已经半年多了，刚进去的时候还能下床走动，现在则插着氧气管都呼吸困难。他的手脚青紫、脸色发黑，眼看就要走到生命的尽头。

病房里其他的人，虽然不是心脏病，却跟小林同“命”相怜，半年多来，大家都在这儿等，等着救星出现。

两个等着换肾的人，多少年来不断地洗肾，已经不堪其苦。连他们的亲戚都很少来了，似乎唯恐病人哀求自己捐出一只肾。

一位等着换肝的病人，腹水已经非常严重，用药之后，不断地小便。麻醉药力才过，就痛得在床上哀号。

问题是，在这个保守又富裕的小城，就是没人愿意捐器官。虽然医生接到车祸意外的消息时，曾经亲自出马。两个等着换肾的病人，也赶去哀求，却都被丧家的亲友骂了出来：

“他才被撞碎了头，你们居然又要开他的膛？”

就连肾和肝都没人捐，更不用说心脏了。这些日子来，几个人都把希望交给了老天。换肾的两个人许愿，要对待捐肾人的家属，如同自己的亲人，一辈子去报答。等着换肝的病人许愿终身吃斋、一生行善。至于小林，则什么都没说，因为他对生命已经失去了希望。

小林终于咽下最后一口气。

他的墓造得非常漂亮，是那三个同病房的朋友捐钱建的，他的墓前常摆着鲜花，是那三个难友在获得重生之后，亲自捧上的。

“没人捐器官给我，就让我把器官捐给别人吧！”在小林的墓碑上，刻着他最后的两句话。

扫街奶奶

每个到小城来观光的人，都会到“扫街奶奶”的铜像前照张相，并听导游说那个感人的故事。

“扫街奶奶是五年前过世的，她活着的时候，一共在这儿扫了十二年街。”导游看看四周的街面，笑笑，“当然，十七年前的街，如果像现在这么干净，也就用不着扫了。可是大家要知道，在扫街奶奶出现之前，这条街说多脏，有多脏，到处都是纸屑、果皮和空瓶子，地上还常有一个个带血的脚印。”

听故事的全瞪大了眼睛。

“别紧张！别紧张！”导游又笑着挥挥手，“那是猫、狗不小心，踩到地上的玻璃碴子，割伤爪子，造成的血迹。当然了，地上脏也常造成人们摔倒受伤。直到扫街奶奶出现，真好像天使的星星棒一点，整条街就干净了起来。”导游指指扫街奶奶的铜像，“你们看，她手上拿着一只特大的扫把，每天一早就出现，从街的这头扫到那头。”

听到这儿，每个观光客都把手里的东西抓紧一点，唯恐掉什么下去。带孩子的人则叮嘱孩子，千万别乱扔东西。

“不要对小孩太凶，他们就算乱丢纸屑，扫街奶奶也不会生气的。她最爱小朋友了！她也有一个很可爱的孙子，扫街奶奶不但爱自己的孙子，也爱每个过路的小孩。当孩子们在街上乱跑的时候，扫街奶奶会劝他们跑慢一点，然后气喘吁吁地，先到前面把容易滑跤的果皮捡起来。”“不是已经扫干净了吗？为什么还有果皮？”有观光客不解地问。

“您要知道，十七八年前这里的人，是多么没公德。扫街奶奶在前面扫，居然就有人在后面扔，甚至说：‘反正有老太婆扫，大概是商店雇来扫地的，我们不扔，她就没事做、没饭吃了！’”

“扫街奶奶不是商店雇来的吗？”有人问。

“当然不是！起初，还有些商店不欢迎她呢！觉得她一天到晚在门前扫，是一种讽刺。但是渐渐开始感谢她，甚至端茶、拿椅子给扫街奶奶。”导游指指铜像前面的大楼，“这新大楼就是由那些商店合建的。自从扫街奶奶的名声传开了，许多人都好奇，来看看。这条街也因为特别干净而迁进几家高级商店，大家跟扫街奶奶合作，把骑楼下堆的东西全清除，甚至修了招牌，使整条街变得又干净、又整齐、又漂亮，生意也就更好了！结果，别的街道都受了影响，居民也受了感化，整个小城都改观了。你们说扫街奶奶伟不伟大？”

“伟大！”听故事的人，异口同声地回答。

“正因如此，前年大楼落成，也就是扫街奶奶逝世三周年，楼里的商家合资，为她立了这个铜像。”

“扫街奶奶的孙子，一定常来看这铜像吧？”有人好奇地问，“算来应该已经不小了。”

“如果活着，应该二十多岁了。十七年前，他跟扫街奶奶经过这里，不听话、乱跑，踩到一个香蕉皮，头撞到路边堆的箱子，当场就死了……”

送你一程，送我一程

扔下电话，老黄就往门外冲，跳进公司的那辆老爷车。

“你开不上山的！”同事跟在后面喊，“那车子太老了，你家前面是大陡坡，绝对开不上去！”

“现在又找不到别的车，只好冲冲看了！”老黄吼着，“我太太要生了！”

老爷车在平地还算威猛，果然一爬坡就开始“咳嗽”。所幸前面几个坡都不长，运用一段平坦的路面加速，再向上冲，居然都侥幸地过了。

只是眼看长坡逐渐接近，老黄心里开始七上八下。偏偏这时候，居然有个提着小木箱的人拦车：“能不能带我一程？箱子太重了！”

老黄手一挥，就向前冲了过去，心想：“我自己还不一定过得去呢？加上你，还了得？”

果然，车子就在要冲上山头的那一刻停住了，无论老黄怎么踩油门，就是上不去。非但上不去，而且开始往下溜。

“溜也好，溜到山坡底下，再加足马力冲冲看。”老黄索性让车倒退下去，半路居然遇见刚才拦车的那个人，回头直对老黄笑，好像讽刺老黄：“怎么样？上不去了吧！没想到开车还不如走路快吧！”

“你等着瞧！”老黄狠狠骂了一句，再猛踩油门冲上去。冲过那个人，眼看将要冲上山头，只是车速愈来愈慢，老爷车又开始“咳嗽”。老黄知道，这次又差一点，上不去了。奇怪的是，那老爷车如有神助，居然边“咳”边走，一路开上了山头。

老黄正兴奋，才发现车后站着那个人，满面通红、气喘如牛。

“刚才是你帮我的？”

那人点点头：“你……你……你能不能带我一程，我赶着去帮人接生！”

下面的路平坦多了，一下子就开到家门口……

你懂不懂得爱

爱是要负责的，爱不是只让“对方”逗你开心，你要理就理，不理就不理的。

◎

今天爸爸就猜到会天下不太平。

果然，你一进门就又哭又喊，接着跑来敲我的门，问我：“‘小银’为什么又死了？”

“我怎么知道呢！”爸爸摊摊手。

爸爸确实不知道啊，还是下午你妈妈来跟爸爸说，你那条叫“小银”的鱼好像有问题。

爸爸跑上楼看，才发现“小银”已经死了。

◎

一个礼拜之内，你的四条宠物金鱼，已经死了两条，爸爸也很纳闷啊！

四天前，爸爸特别为你装了一大壶清水，教你滴去氯剂在里面，同时对你说，你死了一条鱼，不知道是不是因为该换水了。如果直接换，控制不好温度，在凉水里加热水，又会造成水里的氧气不足。最好的方法就是先准备一缸水，放二十四小时之后，水温自然会跟室温一样，也自然会跟你鱼缸里的水温相同，到那时候再换就好极了。

可是那壶水一直放在你门前，两天过去了，你都没提。

爸爸不是昨天傍晚又问你是不是该给鱼缸换水吗？

你那时正在做功课，只应了一声“好”。接下来，吃晚饭、练小提琴，你就站在鱼缸前面拉琴，也没听你说要给鱼缸换水啊！

你现在怎能怪爸爸没早换水呢？

孩子！鱼是你要养的，它们是你的宠物。既然你称它们“宠物”，你就应该宠它们。

你养宠物，爸爸、妈妈已经够辛苦了。鱼缸是爸爸从店里抱回来的，鱼是妈妈去挑的，过滤器是爸爸组装的。水是爸爸灌的，那些假的草和宝塔是爸爸一样样放进去的。为了让它们站得稳，连爸爸宝贝的雨花石都拿去垫底了。又为了让你立刻看到美丽的缸景，爸爸把古董柜的灯泡也拆下来，为你装在鱼缸顶上了。

你说，从头到尾，你的工作是什么？不过是喂它们，对不对？

喂鱼是你的特权，因为你喜欢看它们争食的样子，又说哪条鱼认识你，会对你笑。有一天，爸爸管闲事，帮你喂了些鱼食，你回家还要发脾气，说我会把你的鱼撑死。

◎

当你的“黑眼”死掉的时候，妈妈问你是不是因为喂得太少，饿死的，你还反驳她：

“鱼不知道饱不饱，它只会撑死。”又说你以前养的小白兔就是撑死的。

好！从那以后，我们再也没有喂过你的鱼。现在“小银”又死了，你是不是还认为它是撑死的，不是饿死的呢？

你是不是该打电话去水族店问问，到底一天该喂多少食物？

你是不是应该立刻请爸爸帮你换水，而不是跑来责难爸爸？

你哥哥小时候也养过一只天竺鼠当宠物。刚养的时候，哥哥天天都去照顾它，催着妈妈为天竺鼠买饲料，还每天为它清理笼子里的大便。

可是没几个星期，他不宠了，不再管天竺鼠了，每次他到地下室，天竺鼠认得他的脚步声，都会尖叫，哥哥却只当没听到。

照顾天竺鼠成了爸爸和妈妈的工作。

直到有一天，天竺鼠死了，哥哥又好伤心地把它埋到后院，还放了一大块石头，说是为天竺鼠立的碑。

爸爸问你，哥哥真爱天竺鼠吗？那天竺鼠又真是他的宠物吗？当然称不上！你不宠它，又怎么称它为宠物呢？还有，即使你宠它，如果只会逗它，却不照顾它、不对它负责，它仍然不能算是你的宠物啊！

◎

孩子！爱是要负责的，爱不是只让“对方”逗你开心，你要理就理，不理就不理的。

爱需要耐心，需要恒心，需要谅解，需要宽恕。

如果你照顾几天之后就不管了，如果你的宠物弄脏了屋子，或是咬你一口，你就生气，不要它了，你都算不得是一个有资格养宠物的人。

进一步想，如果有一天，你谈了恋爱，只因为男朋友令你心烦，惹你生气，你就拂袖而去，你也算不得是个有资格谈恋爱的人。

◎

孩子！别伤心了，你缸里不是还有“大金”和“小金”吗？你看！它们不是游得好快，看你走近，就赶快浮到水面吗？来！我们快为它们换水吧！为它们加食吧！

来！打个电话向水族店请教请教吧！

如果你发现自己过去对它们的照顾不够，就为剩下的这两条鱼多付出些吧！

快乐要付出代价

快乐是要付代价的！要被爱，更要去爱；要获得，更得付出。快乐是在我们的生活中先建立目标，并完成它。而就在这完成的过程中，在那忧心与释怀、走入困境与突破万难之间，我们享有了真正的快乐。

快乐就是完成理想、完成生命；就是由无到有的创造；就是从这一站到下一站的旅程。

快乐也就是积极的生活！

身在福中总不知

小学六年级，一个总是被老师抓去打手心的同学，某日突然对我说：“告诉你一个坏消息，再告诉你一个好消息！”他故作神秘地说，“要不要听？是我刚才从老师那里偷看到的。”

“当然要听！”我一下子紧张起来，催他快说。

“坏消息是你的算术月考不及格！”他把“不及格”三个字说得特别重而慢，让我的心好像连摔三级似的滚进深谷，额头、手心的汗一下子冒了出来。

“再告诉你好消息吧！”他得意地笑着，“刚才的坏消息是我编的！”

三十年了，小学的事情多半忘记，这一幕却依然那么清晰。我常想，明明只是那么平凡的一天，那么莫名其妙的恶作剧，事实上不曾发生任何事，却为什么那样难忘？！

◎

去年春天因为胸痛去医院检查，到楼下放射科照 X 光，片子十分钟就出来了。检验师交给我时，我好奇地问：“肺上面有没有东西？”

他沉吟了一下，小声说：“有！你拿上楼给医生看就知道了。”

到二楼诊疗室的路很短，对我来说，却一下子变得好长。脚步变得好重，妻子、儿女、事业全浮上心头，我的心则往下沉，神色凝重地把 X 光片交给医生，等待宣判……

医生把片子夹上光箱，瞄了两眼：“没事！旧的钙化点，胸痛只是食道溃疡造成的。”

回家吃了一个礼拜的药，胸不痛了，心却伤痛！好像小学六年级的那件事重演，且伤得更深，想起由放射科走回诊疗室的那段路，万念俱灰啊！听过多少朋友，许久不做胸腔透视，猛然觉得胸痛，一查是肺癌，几个月就死了。如果那天发现的不是无碍的钙化点，而是癌，我的生命、生活和我的爱，将如何安排？

但再想想，这不也如同小学时的遭遇，只是平淡生活里，无中生有，空穴来风？

难道，是无中生有，使我这个争逐的人，能突然放慢马蹄，听见自己狂奔的心跳与后面生命的呼唤？

在那偶然的“一失”之间，使我惊悸了，甚至在那惊悸之间，有了许多顿悟。

◎

读史书，常看到臣子叩头流血，谢圣上不杀之恩的情节。

那做皇帝的，为了令臣子感念圣德，供他驱使，竟故意罗织一些不利臣子的罪证，吓得对方以为马上就要遭到满门抄斩的厄运。

然后，龙颜一缓："罢了！你跟我这么多年，赦你无罪！"

多么像是晴天霹雳之后，又风和日丽啊！那臣子仿佛得到了再造之恩，怎能不感激涕零呢？

只是回头想想，船去水无痕，几曾真有霹雳？霹雳只是人造的。

霹雳却常能成为"当头棒喝"，喝出许多朗日晴空下想不到的东西。尤其使那"身在福中不自知"的人，开始"知福"。

◎

报上看到一则新闻：

一个意外中被轧断双手的人，医生忙中出错，不但只接回他的一只手，而且错把右手接到了左腕上。

照片中，只见他伸出的左手，手背朝外，拇指却朝下，据说连举杯喝水的时候，如果不小心，朝上的小指头都会插到眼睛。但是他笑得很开心，说："总比没有手好！"

这使我想起二十五年前到装订厂，那时还没有附带安全保险的裁切机。我看到一个中年人两只手，各只有半截手指，据说是在裁切时不小心切掉的。

“一下子切掉八截，吓得、痛得，已经不知道怎么好了！就算是接回一根，又有什么用？还不如现在，多整齐？一条线！”一面继续把书推进机器裁切，他一面往屋罩看，笑笑，“比我老爸还好呢！”

说着里面走出个老人，怀里抱着一包书，当他弯身把书放下的时候，我才发现——

他的两只手都没了，齐齐地从腕部被机器切断。

◎

后来引进了国外的裁切机器，先是在机器外面左右有两个按钮，必须一双手同时按，才会启动，以免造成一只手在刀下，一只手已经按钮的危险情况。近几年更进步了，设有红外线的电眼能够觉察，即使有一根手指在中间，刀子也不会切下去。

每次我到装订厂参观，都会不断赞美那安全装置是伟大的发明。

“这有什么稀奇？”十八九岁的工人，认为我少见多怪地笑道。

他必然没见过那失去双手和手指的父子。

但是，一直到今天，我拿起每一本装帧整齐的书时，都心存感激：

感激装书人曾为我们做的牺牲。也感谢上苍，让我能有完好的十指，写字、作画，并翻阅手中的这本书！

图书在版编目（CIP）数据

此生何必从头来 /（美）刘墉著. — 北京：北京联合出版公司，2017.7

ISBN 978-7-5596-0616-7

Ⅰ. ①此… Ⅱ. ①刘… Ⅲ. ①成功心理—通俗读物 Ⅳ. ①B848.4-49

中国版本图书馆CIP数据核字（2017）第156796号

《此生何必从头来》，经刘墉授权在中国大陆地区独家出版发行。

著作权合同登记 图字：01-2017-6752号

此生何必从头来

作　　者：（美）刘墉

责任编辑：杨　青　徐秀琴

封面设计：仙境设计

北京联合出版公司出版

（北京市西城区德外大街83号楼9层　100088）

河北鹏润印刷有限公司印刷　新华书店经销

字数180千字　880毫米 × 1230毫米　1/32　8.25印张

2017年10月第1版　2017年10月第1次印刷

ISBN 978-7-5596-0616-7

定价：39.80元